登月骗局
——驳斥阴谋论

【德】Thomas Eversberg———著

丁宗茂 李为薇 邓昊宇———译

电子工业出版社
Publishing House of Electronics Industry
北京 · BEIJING

内 容 简 介

　　本书主要内容为论证美国登月的真实性，以消除关于美国实现登月以来，人们对此所表达的疑虑。人类的第一次登月真的只是一场精心编制的骗局吗？ Thomas Eversberg 在本书探讨了最为出名的阴谋论，并借助高清的全彩图片及许多影片文档来作为分析证据，回答了人们对此一直以来的疑虑，以及被编造出来的猜忌。希望为对登月感兴趣的读者提供全面的参考；同时，基于物理知识——击破"登月否认者"的观点，以大量真实的图片和充足的论点证明了美国登月的真实性。

　　本书将为对太空探索感兴趣的读者们提供关于美国登月的详细事实依据。

First published in English under the title

The Moon Hoax? Conspiracy Theories on Trial

by Thomas Eversberg, edition: 1

Copyright Springer Nature Switzerland AG, 2019 *

This edition has been translated and published under licence from

Springer Nature Switzerland AG.

Springer Nature Switzerland AG takes no responsibility and shall not be made liable

for the accuracy of the translation.

图书在版编目（CIP）数据

登月骗局：驳斥阴谋论/（德）托马斯·埃弗斯伯格（Thomas Eversberg）著；丁宗茂等译.
—北京：电子工业出版社，2021.8

书名原文：The Moon Hoax? Conspiracy Theories on Trial

ISBN 978-7-121-41589-0

Ⅰ.①登… 　Ⅱ.①托… 　②丁… 　Ⅲ.①月球探索—研究—美国 　Ⅳ.①V1

中国版本图书馆CIP数据核字（2021）第139648号

责任编辑：陈韦凯

文字编辑：刘家彤

印　　　刷：北京利丰雅高长城印刷有限公司

装　　　订：北京利丰雅高长城印刷有限公司

出版发行：电子工业出版社

　　　　　北京市海淀区万寿路173信箱　　邮编：100036

开　　本：720×1000　1/16　印张：13.5　字数：216千字

版　　次：2021年8月第1版

印　　次：2021年8月第1次印刷

定　　价：89.00元

序言
FOREWORD

　　1969 年 7 月 20 日，人类首次实现登月。老一辈的人们曾目睹了这一事件，而年轻一代则基本上是通过历史书才了解到这一事件的。人类首次实现登月，是重大的历史事件，更是人类的巨大飞跃！或许，并非如此？通过数以百万的电视机转播的这一事件是否曾真实地发生过？这是一场"登月骗局"吗？一直有传言称，美国国家航空航天局（以下简称美国宇航局，也称 NASA）用烟雾和激光反射镜欺骗了世人，所宣称的技术进步完全是捏造出来的。20 世纪 70 年代，关于"登月造假"的谎言就已经诞生了。而如今，在互联网时代，每个人不仅是媒体的消费者，而且很容易成为信息的创造者和传播者，这些谎言正在不断扩散。而其他的阴谋论，也都在互联网上再次肆虐。

　　人类对事件、主张和所谓事实的怀疑与质疑，实际上是人类文化的一个积极层面，因为这是理解相互关系、分辨事物和增长知识的必然要求。但是，常识和科学思维之间的界限在哪里？缺乏理解、混淆概念和意识形态的错觉之间的界限在哪里？什么是我们愿意接受的真理？以及什么是与我们的世界观不相融的？

托马斯·埃弗斯伯格（Thomas Eversberg），天体物理学博士，一位活跃的空间管理专业人士，他在本书中叙述了那些登月否认者的论点。他通过认真分析这些论点和缜密的逻辑对之进行驳斥，他的分析成为了一种独特的典范。为了能够透彻地分析，他采用了一种来自自然科学的哲学体系、被称为"奥卡姆剃刀"（Occam's Razor）的原则，根据这一原则，用最少的假设来描述或解释一种现象的猜想应被作为首选，而那些需要不必要的大量假设的猜想则会因为过于复杂而被丢弃（用一种比喻：被剃刀剃除）。

正是这一原则的一贯运用与在科学工作和理性思考中的普遍做法，使托马斯·埃弗斯伯格的分析意义远远超出了话题本身。作者不仅剖析了登月否认者的论点中的缺陷，更展示了如何将严肃的论点与猜想相区分。对于读者，通过本书将能更好地分辨现代媒体上的海量信息，而不必冒被欺骗的风险。

乌韦·海希特

"土星五号"火箭搭载阿波罗 11 号飞向月球，这枚火箭是迄今为止建造的最强大的机器之一，其质量近 3000 吨，总高度为 111 米，推力达 3408 吨。

阿波罗11号任务期间，宇航员巴兹·奥尔德林在靠近"鹰"号登月舱的月球表面行走。任务指挥官尼尔·阿姆斯特朗拍摄了这张照片。

（图源：NASA）

目录
CONTENTS

第 1 章

序幕

阿波罗 17 号登月舱（挑战者号）。

缘起登月事件

很多年前，朋友们问我是否相信 20 世纪 60 ~ 70 年代的美国登月事件，我对于他们提出的疑问并不意外。当我还是个孩子的时候，我就开始对登月产生了浓厚的兴趣，甚至在学校的闲暇时间里认真地画火箭模型。我们这些孩子都非常支持心目中的航天英雄，会将他们的名字铭记在心，甚至常常为谁会成为最棒的宇航员而争论不休。出于某种原因，我认为阿波罗 8 号的宇航员吉姆·洛弗尔是一位特别优秀的宇航员，但弗兰克·博曼也不错。在那时，我最引以为傲的珍藏就是阿波罗四件套珍藏版纸牌。祖母为了满足我的爱好，送给我一本我深爱已久的关于登月之路的图画书。登月事件是我童年记忆的一部分，也是我深爱太空的起因，更是我对科技技术产生浓厚兴趣的起因。最终，这些因素使我成了一名天文学家，并为我现在所从事的航空航天工程管理工作奠定了基础。

登月骗局风起

然而，我逐渐意识到，一段时间以来，在媒体上，尤其是在互联网

地出（Earthrise），从月球或
航天器上看到的地球仿佛从月
球地平线上升起的现象。

（图源：NASA）

上，人们对登月事件的真实性产生了极大的怀疑。基于一些令人恼火的图片，人们开始声称：人类从未抵达过月球，所有的报道、音像视频，以及基于登月所得出的结论，都是对世界上演的一场巨大的骗局。我仅是无意间有所察觉，却从未真正注意到这些流言。

但是后来，我的那些能够明确分辨严谨的科学现实与虚构的猜想的朋友们，却开始带着这些问题来问我。他们对所谓的"登月否认者"（阴谋论者）的种种说法感到不安，并怀疑他们的理论是否属实。例如，在互联网上可以免费获取的由美国宇航局（NASA）发布的登月图片中，月球上的阴影似乎有些问题。如果遥远的太阳是唯一的光源，那么阴影就必定会平行，但在图片中，它们看起来并不平行。这些发现令我错愕，我随即又调查了一些"登月否认者"的其他论点。事实上，同样地也发现了一些问题。一些图片看起来有些令人困惑，似乎还存在矛盾，这些发现引发了我的浓厚兴趣。

总的来说，我认为登月否认者很令人欣赏，尤其是那些善于陈述论点的人，他们并不盲目地接受官方的断言并奉之为真理。出于以上原因，以及对于调查清楚尚不明确的事实真相的喜好，我再也不能无视阴谋论者的断言。如果不弄清这些断言，我将无法真实地面对自己，以及我的那些持怀疑态度的朋友们。更何况我是一个善于分析的人，且曾在自然科学领域受到过良好的教育。为了能够从正确的角度看待登月事件，我们应了解登月的深远影响，以及人类的"胆大妄为"。人类积极地致力于离开自己的地球家园，登月象征着人类历史上的一次突破，更是 20 世纪的一件大事。然而，宇航员在登月过程中承受了相当大的风险，这一点是毫无疑问的；人类仅在首次实现登月的 50 年前才发明并学会使用飞行器；而当美国人决定飞往月球时，火箭技术的发展还不满 20 年的时间；甚至登月所需的一些技术在当时（20 世纪 50 年代）还尚未实现，仅在十年内实现这一惊人"飞跃"的想法简直令人难以想象。的确，太荒谬了！一切终究都是谎言吗？

2009 年，一则消息引起了我的注意，美国宇航局花了三年的时间仍未找到记载着阿波罗 11 号（Apollo 11）任务录像的磁带。起初，我自发地把这归结为是一些不明真相的人在散布谣言，但后来，当这则消息被证实的时候，我真的有些恼火。即使经过仔细地搜索，他们仍未能找到这 45 盘磁带。每一个理性的人都会提出这样一个问题：这样的事情怎么可能会发生呢？

因此，如果登月否认者不相信整个登月事件，这也完全是可以被理解的。无论一个人是从政还是经商，谎言永远是社会的一部分。人们被欺骗往往是为了打仗或从其口袋中掏出更多的钱。这些谎言会引起人们的强烈抗议，但是仅仅几年之后，人们又会再次被欺骗。因为记忆终究是短暂的！甚至心理学家也认同这样一个事实，即谎言是人类生活中不可或缺的一部分，只有有了谎言的存在，人类才能掌控自己的日常生活。从这个意义上来说，阴谋论及其详细的分析是如此接近一个难以想象的事件是完全有道理的。因此，对细节的批判性的关注和对所呈现的事实的验证是非常可取的习惯——当然，这也是我作为物理学家的基本素养。即便不可能在每一个领域中都成为专家，但是在日常生活中，实践这些习惯通常也是有益的。得益于这些习惯，以及我在航天领域的 40 年的工作经验，对于我的那些特别关心登月骗局的朋友们来说，我成为了他们首选的倾诉对象。一步一步地，我发现了意想不到的陷阱，以及这些问题的真正复杂性。

与朋友们的交谈引发了我对登月利弊的审视，而我在这本书中的论述方式是纯粹的分析且是基于逻辑的。有人可能会认为逻辑学本身就是一门科学，而我不是这方面的专家。但是，我想强调的是，逻辑不是外来词（对于英语语言体系的人来说），也不是由科学创造的。每个人每天的思考和行动或多或少都是有逻辑的。这是构建人类生活的唯一合理的方式。常见的短句"有道理！（That makes sense!）"则很好地概括了这一点。此外，事物和行为之间的日常关系是通过理性和逻辑联系在一起的（科学家称之为"因果联系"）。我们甚至在孩童时期就学会了这一点，例如，把手指伸进火里会被灼伤，这是合乎逻辑的。

带着这样的想法，我开始更加仔细地调查每一个可以证明人类是被愚弄的，整个登月事件从头到尾都是编造的论断。当时，我还没认识到这将是如此庞大的一项工作。事实证明，提出一个特别的声明与以一种有意义但简单的方式来支持或反驳这一声明之间存在着很大的差异。此外，仅仅调查个别关键点是不够的，还需要研究证据的性质及其历史背景。这一点特别重要，因为我们正在调查历史上的一个独特而重大的事件。同样有趣的是，弄清楚谁是第一个质疑登月真实性的人，以及我们将来是否会重返月球（也或许是第一次奔向月球）。出于我个人对航天事业的热爱，我写下了一些关于这个话题的想法——最终形成了这本书。

第 2 章

苏联、火箭与竞选活动

（图源：NASA）

美国和苏联的"太空竞赛"

1969 年，当时我还是一个 8 岁的男孩，那是第一次我被允许在午夜看电视，我观看到了首次登月的现场直播。当时，我完全没有意识到正在观看的这一特殊事件的重要性。至今，仍很难相信当时媒体报道的这一事件。关于新型火箭发射和太空任务的报道是全新的现象，当时这些事件引起了公众的密切关注。这些事件在电视上进行现场直播，我跟其他每个人一样都为之着迷。当时，"征服太空"已经持续进行了十年，每个人都坚定不移地相信 2000 年的奥林匹克运动会会在月球上举行。我和朋友争论着如何在失重状态下评估新的纪录（想象一下掷出 500 米的标枪）。并且，成为一名宇航员是当时所有年轻男孩的梦想①。总之，新的世界正在开启，这是毫无疑问的，电影《2001：太空漫游》很好地反映了这种状态。对于大多数的德国成年人来说，不单单是在我所在的城市，这次的事件是如此的重要，以至于他们在一个星期一的凌晨三点起床，为了看看在月球上发生了什么。我们附近的大部分人的家里都亮着灯。这令人激动的事件让世界上相当多的人们都欣喜若狂，尤其是那些在北美的人们，他们对于美国宇航局的此项活动非常满意。美国宇航局计划的登月时间为 1969 年 7 月 20 日

---

① 在此之前，唯一一位在太空飞行的女性是苏联人瓦伦蒂娜·特蕾什科娃，而这只是一个公关噱头。

的中午到午夜之间，这取决于住在美国的什么地方。登月的第一步在电视的黄金时间段发生并直播（最佳的广告时间：登月——由家乐氏出品！），即晚上 6 点到 9 点之间。对于在地球其他经度范围生活的人们来说，这个播出的时间段或多或少会给他们的日常安排带来了一些不便。当时，世界上的电视机比现在少很多，但是总观看人数仍达到了 5 亿人左右。可悲的是，地球上大多数的人都很贫穷，导致他们没有时间、也不敢奢侈地追求无法改善他们生活的事物 [①]。

　　当尼尔·阿姆斯特朗在月球土壤上留下足迹时，这是一场非凡竞赛的顶峰，其源头可以追溯到第二次世界大战之时。由于战争的催化，德国发起了一场巨大的技术革命，德国工程师为武器开发了新的推进系统。在脉冲喷气发动机被用来推动 V-1 导弹（被命名为"Vergeltungswaffe 1"或"报复性武器 1"）之后，用于飞机和导弹的火箭发动机又被研制出来并在历史上第一次"成功"地使用，工程师将其命名为"集合"（A1-A4）或"组件"，将 V-2 导弹命名为"Vergeltungswaffe 2"或"报复性武器 2"。这是第一次导弹弹头以超音速通过平流层坠落到另一个国家。这一"技术上的里程碑"对于项目经理韦恩·冯·布劳恩及其团队而言非常重要，以致于为了确保这些项目的成功，人们被奴役甚至被杀害。在盟军（第二次世界大战中的同盟国军队）将德国从凶残的纳粹政权中解放出来之后，这些技术从此被战争的胜利者所拥有。第二次世界大战结束后，东方和西方的外交关系陷入冰点，东方和西方对立的这一时期被称为"冷

---

　　① 即使在今天，世界上的富人仍会声称，在登月事件之后，一切都变得截然不同了；然而，贫苦的农民却可能会持有不同的观点。

战时期"。

除了德国发起的技术革命，另一决定性因素是原子弹的发展，以及随后在日本的部署。军方对其威力感到十分惊讶（物理学家罗伯特·奥本海默低估了在洛斯·阿拉莫斯国家实验室附近的沙漠中进行的第一次原子弹试验的爆炸力约 50 倍），于是军方开始研发火箭，以便可以安全地使用这些邪恶的武器并向敌人发射，使敌人无还手之力。双方（美国和苏联）继续在德国工程师的经验基础之上发展德国 V2 火箭。突然之间，在 V2 火箭的研制和生产过程中发生的所有难以言喻的事情都被遗忘了（项目的参与者正是那些纳粹支持者），而这些致力于火箭研发的人受到了东方和西方的热烈欢迎。苏联成功发射了第一颗人造卫星并触发了"斯普特尼克危机"，这公然暗示着：东方的军势力量比西方更具有战略优势，这与人们此前的想法相反。将"火箭可以在任何时刻从太空发射到任何地方"这样的设想用作威胁，能够确保火箭开发项目获得更多的资金，这对双方来说都是一种非常成功的方法。

当时紧张的政治和战略气氛对于出生在较为和平的欧洲的年轻一代来说可能难以理解，但这场冲突是科学发展史的重要组成部分，也有助于人们理解太空旅行。从科学和战略的角度来看，这两个国家斥巨资发展载人航天事业似乎是意义不大的一件事，然而只有考虑到当时的政治环境和当时普遍的偏执心理，才能理解这一事实。

肯尼迪总统与太空计划

为了使登月计划顺利实施，军事战略还需要一个组成部分：竞争。东方和西方两种对立的社会制度成为政治的重要工具，而这两种相互对立的社会制度则能够解释当时进行的许多政治行动的原因（尽管进行的这些政治行动并不一定是有意义的）。竞争主要包括科技实力和国家的战略实力。向太空发射人造卫星的能力成为两种社会制度之间竞争的一个重要方面。对于美国政客来说尤其如此，太空飞行成为了他们选举中的一个重要话题。苏联在航天领域的成功对美国造成不利影响，不仅是第一颗太空卫星"人造地球卫星 1 号"的成功发射，特别是尤里·加加林的首次载人太空飞行，引起了美国公众近乎歇斯底里的反应。这是政客们可以利用的，当然他们也的确想加以利用。虽然事后看来，有人无意中暗示约翰·肯尼迪在任期间存在民望危机：在猪湾事件中，美国的军事行动惨遭失败。在"人造卫星冲击"和尤里·加加林首次载人太空飞行之后，美国工程师还在处理技术问题和故障，肯尼迪总统被他的顾问和太空飞行的支持者们说服，将太空探索作为一种公关工具。

肯尼迪总统非常明智地采纳了这一建议，在他著名的参议院演讲中，他激励并说服了纳税人，将在 10 年之内让美国人登上月球。毫无疑问，这是一次一流的天才公关之作。美国和苏联都在这个方向上做出了努力，不仅展示各自的技术优势，而且还展示各自的社会制度优势。就这样开始了所谓的"太空竞赛"，类似于体育赛事。这对双方来说都是极好的宣传，苏联用他们的新型 N1 号月球火箭差一点就实现了登月。1961 年 4 月，尤里·加加林的首次轨道飞行和同年 8 月的格曼·蒂托夫的第二次载人轨道飞行推动了这一竞赛。直到 1962 年 2月，美国才终于派遣宇航员约翰·格伦完成美国的第一次载人轨道飞行。第一批进入太空的美国人艾伦·谢泼德和维吉尔·格里索姆分别于 1961 年 5 月和 7 月沿弹道抛物线轨道飞行（即不完全绕地球飞行）。

距离美国首次登月的最后期限只有 9 年的时间了，美国的整个太空计划都需要被彻底修改。在此之前，美国宇航局的官员曾认为，该任务可以简单而轻松地完成，甚至几乎没有人谈及过登月计划。早在 1955 年，用于测试滑翔技术的 X-15 火箭飞机就开始被建造，以期实现太空飞行。建造的 3 架 X-15 火箭飞机的飞行速度是音速的 6 倍，飞行高度可达 99.8 千米（62 英里）[1]。到 1968 年，这些飞机完成了近 200次飞行[2]。美国空军还研制了滑翔机，并打算将其发展成远程轰炸机。"动力翱翔"（Dyna-Soar）计划始于 1957 年。但随后不久，肯尼迪总统宣布了他尽快把人类送上月球的计划。在这么短的时间内，一种简单而经济的运载工具几乎不可能被研制出来，唯一的选择就是走花销昂贵的路线——使用一次性导弹将人类送上月球。"X-15 火箭飞机项目"一直持续到 1968 年，直至该项目资金被耗尽。"动力翱翔"

---

[1] 本书表示数据时采用公制单位，并在括号中"标注"英制数据的近似值，两者不严格相等，仅做参考。

[2] 尼尔·阿姆斯特朗用X-15火箭飞机完成了七次飞行。

（图源：NASA）

关于尤里·加加林首次轨道飞行的报道。

计划的情况则更糟：刚开发即被放弃，该项目资金转而用于资助月球计划。

（图源：NASA）

将尤里·加加林送上太空的俄罗斯东方一号（Vostok-1）航天飞船的控制面板。

上述话题的提出是为了使读者能够通过 X-15 火箭飞机和航天飞机的历史背景来看待登月。随着美国总统提出登月计划，他不仅放弃了合乎逻辑的发展之路，转而采用快速、粗暴的方法，而且在美国实现登月的十年之后，他还对美国的太空飞行产生了重大影响——当时美国太空计划的成本受到了严格的审查，航天飞机的研发资金被迫缩减。我将在第 16 章进一步展开这个话题。

（图源：NASA）

肯尼迪总统在美国国会郑重向世界宣布将在 10 年之内将人类送上月球。

实情要凌驾于公关之上

许多人把 1969 年的登月看作为一个非凡的事件，就像攀登珠穆朗玛峰一样。然而，他们忘记了，在肯尼迪总统的演讲之后，美国宇航局就成立了一个组织，致力于推动整个事业的发展，在其最活跃的年份雇用人数多达 40 万人，在登月这一最终目标实现之前完成了许多辅助任务。"水星计划"为美国提供了第一次载人航天飞行的经验。在

（图源：NASA）

1961 年，在美国佛罗里达州卡纳维拉尔角的 5 号发射台上，
宇航员艾伦·谢泼德搭乘水星 – 红石 1 号进行首飞。

著名的水星七号宇航员开创性的飞行之后，"双子星座计划"开始了。"双子星"号载人飞船是一艘由两名宇航员驾驶的宇宙飞船（在此一年之前，苏联发射了一个名为"沃斯霍德 1 号"的宇宙飞船，搭载了一名宇航员、一名医生和一名飞船制造工程师进入太空轨道），它有两个主要任务：第一，它需要证明空间交会对接是可行的。航天器机动飞行是实现空间交会对接的基本技术，在即将到来的登月任务中，这也将是必须完成的任务。第二，了解哪些条件和控制有利于宇航员成功地执行舱外活动是非常重要的。这两大目标都是在 10 次双子星载人任务（双子星 3 号～12 号）过程中实现的。只有在这之后，阿波罗计划才得以实施。即使到那时，美国的首次登月也是在阿波罗计划中的第五次载人航天任务时实现的。

为了在登月前练习每一个复杂的动作并牢记动作顺序，在真正登月之前，航天员需要在"登月舱模拟器"中模拟登月。要把人类送上月球，需要宇航员针对可能需要执行的每一项任务进行训练，并就每一个环节进行全面的测试。考虑到宇航员将面临的危险，不做全这些准备无异于自杀。在为任何任务设计与制造部件之前，整个宇宙飞船、宇航员与部件的互动都是预先设计好的。首先进行项目定义，然后进行可行性分析，最终进行设计与制造。这意味着宇航员、部件及其功能，以及整个飞行过程都被记录在纸上，并接受高级工程师的关键测试和控制。在制造一个螺栓之前，每一件事都需要被记录在纸上。但由于人类可能会犯错，即使采用这种方法也不能完全杜绝灾难性的事故

（图源：NASA）

爱德华·怀特在"双子星4号"期间完成了美国第一次太空行走，
继苏联宇航员阿列克谢·列奥诺夫之后，他是第二个进行这项实验的人。

发生。阿波罗计划并不是唯一发生过致命事故的载人航天计划 [①]。

应该铭记的是，登月是漫长而复杂的发展过程，这个过程涉及管理人员、工程师和技术人员之间的公开讨论；而且，在这个过程中历尽艰辛。然而，它仍然是有史以来最伟大的技术成就之一。许多人参与了这项事业，尽管他们分散在不同的国家和地区。

被人类托付以生命的复杂、昂贵且危险的太空计划要求迅速而密集的信息交换。鲁莽是致命的！只要掺杂了公关因素，就会对每一项太空计划产生不利的影响。弗拉基米尔·科马洛夫和挑战者号航天飞机全体机组人员的死亡就是可悲的例子。诺贝尔奖得主理查德·费曼（Richard Feynman）在向美国国会提交的挑战者号航天飞机事故报告的结尾写道："想要在技术上成功，实情要凌驾于公关之上，因为大自然是不可欺骗的。"

[①] 瓦伦丁·邦达伦科（1961年遇难）；维吉尔·格里松，爱德华·怀特，弗拉达米尔科马罗夫，迈克尔·亚当斯（1967年遇难）；格奥尔基·多勃罗沃利斯基，维克托·帕查耶夫，弗拉季斯拉夫·沃尔科夫（1971年遇难）；弗朗西斯·斯科比、迈克尔·史密斯、罗纳德·麦克奈尔、埃利森·奥尼朱卡、朱迪思·雷斯尼克、格里高利·贾维斯、克里斯塔·麦考利夫（1986年遇难）；里克·赫斯本德、戴维·布朗、威廉·麦库尔、迈克尔·安德森、卡尔帕纳·查乌拉、劳雷尔·克拉克、伊兰·拉蒙（2003遇难）。此外，还有几枚火箭在地面或发射时发生爆炸。这些事件导致157人死亡。据非官方信息显示，死亡人数实际高达600余人。

（图源：NASA）

在地球轨道上的"双子星7号"，机组人员在"双子星6号"与
"双子星7号"对接过程中拍摄的图片。

土星 1B 火箭搭载阿波罗 7 号发射升空，在 1968 年的这次地球轨道飞行中，首次测试了用于月球任务的新型阿波罗指令 / 服务舱。

（图源：NASA）

尼尔·阿姆斯特朗和巴兹·奥尔德林在休斯敦进
行登月训练。

（图源：NASA）

证据一：两难困境

简而言之，以上只是一些关于登月背景的细节。登月是我从未质疑过的历史事件。我研究航天历史已有一段时间了，也一直在关注登月任务和随后的一些项目（例如，天空实验室计划（Skylab）、航天飞机、"维京号"计划（Viking）和"航海家"计划（Voyager）等）。冷战结束后，我很高兴可以了解到更多有关苏联计划的信息。但是现在，人们问我这一切究竟有没有发生过！如果我说"有"，他们就要求我拿出证据来。

每当有人问我这个问题时，我都会提醒他们，当时所有人都通过报纸和电视时刻关注着关于这件事的报道。但是，很快我就发现了一个问题。有人反驳说，电视上的视频、报纸上的图片，以及来自宇航员、工程师和记者们的报道要么是被操纵了，要么就是这些传播新闻的人根本就是被骗了。我会告诉他们，有月球岩石作为证据。但据他们说，这些岩石也是伪造的，只是用熔岩制成的。简单地说，他们认为，如果看不出一切证据都是伪造的，只能说明人们太过天真而无法洞穿事实。与他们聊一会儿，就会使我感到恼怒。我站在那儿，看起来就像个无知的傻瓜一样，但我真的不清楚是为什么。此时，我会有一种异样且不满的感觉，夹杂着无法相互理解带来的挫败感。我不得不问自己：刚才究竟发生了什么？

若以不信任的态度来面对别人，必定不会产生有任何意义的讨论。如果真的想要了解些什么，就必须乐于倾听，并且能理解所听到的内容。直截了当地拒绝会使讨论陷入僵局。然而，在现实中，提供证据不仅困难而且危险。人们究竟想要什么样的证据？是科学依据吗？还是历史依据？甚至是一个证明历史性事件的科学证据？这个问题可以问那些想要证据的人，为了向他们提供正确的回答，需要厘清他们究竟想要的是什么。如果没有先解决这个问题，最终讨论就会变得很复杂棘手。

我已经习惯了向这些索要证据的人提出同样的要求来回敬他们：一直到 1989 年，柏林都有一堵非常著名的墙，请向我证明这堵墙曾存在过。当然，这些人会指出存在的图片，以及至今仍在柏林的目击者和柏林墙的残垣。此外，历史书中也有相关的记载。我会简短地对他们回复：这些图片是伪造的，证人是由克格勃操纵的，所谓的残垣是后来由国家安全局建造的；历史书中并没有谈及这些人的真实性。有人可能提出异议，认为成千上万的德国人曾在柏林墙屹立的时代生活，关于这一点，我可以自信地说，这些人只是被操纵了或者是在撒谎。至此，我确定和我对话的人会产生一种异样且不满的感觉，并感到沮丧。他会问自己："这是怎么回事？！"我对此感同身受。当你和一个人讨论时，他只是简单地否定你的所有观点，而无法为了探求事实真相坦诚地进行探讨，在这种时候该怎么办？什么都不需要做。因为这实际上不是一场真实的探讨，而是一场私下进行的宣传活动。

实际上，我的反驳是不大公平的。其使人迷惑之处在于对历史事件的科学证据的要求。然而，科学证据来自实验的可重复性。只有这一项指标可以说明科学证据的质量。如果我说，我放开手里拿着的小球，它会掉落到地面上，这只是一个假设。只有在可以根据需要多次重复进行该实验的情况下，这一假设才能够被证明是正确的[①]。以此，我可以建立一种自由落体理论，该理论对于所有其他物体掉落的情况都必须是适用的。然而，历史却是不可重复的，而是由永远不会再次以完全相同的方式发生的独特事件组成（不包括物理现象，如表现出科学的可重复性的彗星回归现象）。提供历史事件的科学证据根本是不可能的，因为历史事件是不可重复的。我们只能求助于"归纳法"或"演绎法"。而这两种证明方法的证据都是基于观察和经验得来的。在归纳法中，通过观察到的现象来获得一个普遍的结论。在演绎法中，使用一般的假设来推理具体的案例。然而，不能用这些证据来确定一个历史事件的真实性，因为历史是不可重复的。但却可以检验一下那些诋毁登月事实的人的个人主张的影响力。

现在，也许有人还会说，也许用"逻辑法"证明登月行动是可行的。这是正确的检验方法，因此，我将使用逻辑法证明登月行动是真实发生过的。逻辑法要求所做的每一个假设都被各方所接受。逻辑法证明的一个例子：如果 A 大于 B，如果 B 大于 C，那么 A 也大于 C。如果条件中的任一假设（如"如果 A 大于 B"或"如果 B 大于 C"）实际上是错误的，那么这个证明就不再是成立的。如果忽略逻辑，你甚至可以声称月球是由奶酪做的。

当然，如果不相信我的人飞到月球上亲自验证了我的说法（我将

[①] 严格来讲，科学上的证明是不可能的，理论只能通过不断重复地实验来证明是可能的。没有百分之百的确定性。只要有一个反例存在，整个理论就会被推翻。理论只能被证伪。正是出于这个原因，科学界定期进行实验来测验爱因斯坦的相对论，就是为了推翻它，尽管几乎没有科学家怀疑这个理论。如果在以上所举的例子里，小球有一次向上运动而没有向下掉落，我的假设就被推翻了。

在第 14 章详细论述这一点），那么获得的证据是合理的。然而，该证据也只是对少数人可行，那些留在地球上的人可能仍然不相信该证据。因此，没有人能够向所有人"证明"人类在科学意义上登陆月球。我们所能做的就是归纳性地检测登月否认者的论点的一致性、逻辑性和洞察力，然后确定他们的论点是否为真。

在第一章的结尾，我暗示了新"证据"的举证责任在于那些提出新理论的人。在科学领域，证明新理论的要求很高。科学家们非常保守，他们在接受新理论、新方法、新规则或新命题为真理之前，会仔细审查它们。只有当新理论能够经受住某种程度的审查时，科学家们才会考虑对以前理论进行修改。牛顿、爱因斯坦、普朗克和海森堡就是这样做的。但是质疑登月真实性的人一直声称他们采用了科学的方法验证其理论。因此，为了让读者（和我的朋友）能够清楚地了解这些理论，与 NASA 相比，讨论这个话题是很自然的事。为此，我将介绍登月否认者的主要理论，并对他们的逻辑进行检验。对于某些理论来说，在地球上很容易实现检测，而另一些理论则需要应用到高中水平的物理知识。此外，我还将讨论根据登月否认者的理论，可以发现的关于登月行动真实性的直接证据。

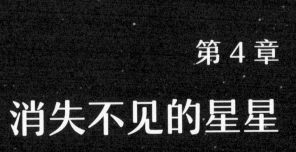

第 4 章

消失不见的星星

为什么天空是蓝色的

为什么天空是蓝色的？这个看似简单的问题在物理学考试中经常出现，以至于它不再能够吓唬学生了。虽然在外行看来这很容易理解，但回答起来却并不容易。其实，这个问题的具体答案并不简单，需要用到物理学中关于原子和分子的知识。天空的蓝色是由大气对太阳光的散射造成的。这个事实早就众所周知，但有趣的是，散射取决于光的颜色。蓝光比绿光或红光更容易散射，因此，蓝光被散射到整个白天的天空中，而其他颜色的光大多可以直接穿过大气层。蓝光的散射如此强烈，以至于在白天，大部分光线被大气散射，而非到达地面。由于这时天空的亮度比星光高，因此在白天，星星都很暗淡。

但是，月球上没有大气层。正因如此，来自太空的光不会被散射，能够不受阻碍地到达月球表面。当然，太阳光可能会使人失明，甚至会对宇航员造成危害，因为紫外线不会被大气层过滤掉。因此，宇航员头盔上的适当保护措施，如遮阳板和太阳镜镜片，对于保护他们的眼睛是必要的。然而，星星并不会像从地球上观测一样——隐藏在蓝天之下，而是一直可见的。月球的天空也并不是蓝色的，而一直是黑色的。不管太阳是否在天空中，在任何时候都可以从月球上看到星星。

考虑到这些物理事实，我将从最饱受争议的阴谋论开始论述。在月球任务的图片中，天空中一颗星星也没有。不论看到的是哪一张月球任务的图片，图片上的天空中都没有星星。登月否定者提出的论点很简单：登月场景是在一个摄影棚里拍摄的，人们忘记在摄影棚的天花板上安装人造星星（灯具）。

（图源：NASA）

巴兹·奥尔德林注视着"阿波罗 11 号"的登月舱"老鹰号"。

乍一看，这个论点既简单又有吸引力。当我们在晴朗的夜晚仰望天空时，我们可以看到星星。而且周围环境越暗，所能看到的星星就越多。因为月球上没有大气层的遮挡，从月球上看到的夜空不应该是非常壮观的吗？尽管这个论点看起来清晰而简单，但事实却并非如此。相反，工作室的技术人员忘记在摄影棚的天花板上安装灯具的说法，其后果远比一开始看到的要复杂。为了帮助我们回答这个问题，需要简要回顾一下科学史。

"奥卡姆剃刀"原则

方济各会修士奥卡姆（1285—1349 年），不仅在分析思维方式上遥遥领先于他所处的时代，而且还很关注科学问题。早在启蒙运动之前，当世人仍坚信托勒密的地心说并奉之为世界观时，奥卡姆就开始思考了假说的本质。通过对自然的观察和思维实验，他含蓄地得出以下结论：如无必要，勿增实体（对于同一理论或者同一命题的论证，若存在多种解释和证明过程，步骤最少且最为简洁的证明是最有效的）。这个"简单原则"影响深远，非常成功，现在它已经成为科学工作的基础，在科学史上被广泛地称为"奥卡姆剃刀"。该原则指出，对自然现象的解释应该是有效的，尽可能少给出自由假设，并为观察到的现象寻找更简单有效的解释。换言之，如果能够使用较少的假设来解释某件事，那么相比于做出更多的假设而言，这是一个更好的解释。应用"奥卡姆剃刀"原则的条件之一是，存在几种理论来解释同一个现象。当然，一个新的理论也可能更好，即使它比旧的理论更复杂。爱因斯坦的相对论就是一个很好的例子，它比牛顿的万有引力定律复杂得多。相对论中存在更多的假设，但却可以解释更多的观察结果。

托勒密提出的地心说被哥白尼提出的日心说所取代就是"奥卡姆剃刀"原则的一个经典例子。几个世纪以来，天文观测变得越来越精确，这使托勒密模型不可避免地变得更加复杂，因为它需要越来越多的独立假设来解释天文观测结果。但是，对恒星的观测越精确，观测结果与哥白尼提出的日心说的相似性就越明显。这一突破来自第谷·布拉赫的观察，开普勒定律的提出就是基于他的观察。在此基础之上，艾萨克·牛顿发展了万有引力定律，它由普遍适用的方程形成，而不是为指定的行星特定的。托勒密的地心说变得越来越复杂以符合更准确地观察，直至模型中的矛盾变得显而易见。因此，应基于对模型的需求尽量减少独立假设，即尽可能少留下解释的空间。这样做的目的是一致地、逻辑地解释世界，而非武断地解释世界，从而避免编造与实际观察到的现象毫无联系的假设。

回到前述图片中缺失的星星，很快就会明白，关于技术人员忘记安装灯具的假设是有问题的，因为这个假设太过于复杂，而且存在诸多逻辑上无法解释的后果。第一，需要解释摄影棚的经理为什么会犯如此低级的错误。一个不希望引人注目的的阴谋至少应该足够聪明，以防被数以百万计的人们识破。也许是导演故意想发出欺诈的信号（也许他是在美国特勤局的胁迫下拍摄图片），但这反过来又增加了"奥卡姆剃刀"意义上的自由参数的数量。第二，这样一个简单的错误是如何产生的？因为有大量的资金可以用于制造录像和审查。第三，人们可能想知道，为什么制作团队中没有一个成员（技术人员、工程师等）注意到这个错误。第四，同样重要且必须要指出的是，美国宇航局仍然无法解决图片中没有星星的问题，因为从地球轨道拍摄的任何图片中都没有星星。在最近的航天飞机和无人驾驶任务过程拍摄的图片中，所有的星星都不见了。只有在有明确的天文目标或者只能在夜间拍摄图片的情况下才能拍摄到包含星星的图片。因此，如果忘记安装灯具，就不得不使人怀疑，美国宇航局怎么会雇用如此不称职的技术人员，却还能把宇宙飞船和卫星送入太空？上述一切表明，登月否认者所做的简单假设会导致多种后果，所有后果都必须根据既定理论（摄影棚天花板上被忘记安装的人造星星）做出结论性解释。然而，那种包罗万象的解释却很难做出。

（图源：NASA）

2002 年 3 月，通过哥伦比亚号航天飞机 STS-109 拍摄的哈勃太空望远镜。

为了利用"奥卡姆剃刀"原则，我们可以引入一种新的解释，并用较少的假设来检验它是否成立。幸运的是，我们可以在地球上做与在月球上相同的实验，因为在我们的实验中，这两个地方并没有太大的差别。在地球上，星星在夜晚是可见的，在这里我们也采用相机来拍照——一个与在月球上完全类似的实验装置。

（图源：NASA）

2011 年 9 月，国际空间站拍摄的南极光与地平线上方的星星的夜照。

短曝光时间

在上述实验中，可以用一个旧的商用模拟相机的不同曝光时间和完全开放的光圈来拍摄天空。有了这样的相机，摄影师通常会以约1/60秒的时间曝光移动的物体（如人、车辆、动物），使它们显得清晰而不模糊。同样，必须注意不要过度曝光物体。通过使用短曝光时间，摄影师还需设法避免因自己的动作导致图片模糊（同时，我自己的运动控制还有很多不足之处，所以曝光时间越短越好）。然而，如果选择如此快的快门速度（短曝光时间）来拍摄天空，图片上将什么都没有——天上没有星星。但如果逐渐增加曝光时间，则会发现只有在几秒的曝光时间之后，才会在图片上呈现出最亮的星空。这是一个有趣的结果！显然，天空中的星星都很暗淡，以至于在不到一秒的曝光时间内无法拍摄到星星。当然，这对我们的分析是有影响的。在月球上选择的曝光时间是为了避免图片过度曝光。宇航员、登月舱、仪器和月球表面的光芒要比星星亮得多（因为它们被太阳照亮）。因此，几秒钟的曝光时间太长了，物体会过度曝光呈现白茫茫的一片。此外，为了对移动状态下的宇航员进行拍摄并使其图片清晰，也只能选择较短的曝光时间。这和在地球上没什么不同。我们不得不选择一个较短的曝光时间，这样运动状态下的人的图片就不会模糊不清。但是由于曝光时间很短，夜空中星星的图片却不能被拍摄到。然而，每个人却都能亲眼看到夜空中的星星其实并没有消失。

如果使用"奥卡姆剃刀"原则将这个实验与登月否认者的论点进行比较，很容易看出其中的那个明显的赢家。一个复杂阴谋的必要条件是如此之多，其带来的后果也有诸多问题引人怀疑，因此关于相机曝光时间的解释显然更受欢迎。后者的唯一假设是，在正常摄影所需的曝光时间内拍摄的图片上，相对于景物而言，星星不够明亮，因此无法被拍摄到。此外，借助归纳法（见第 3 章），我们可以通过实验证明这一事实，而无须进一步假设，完全符合"奥卡姆剃刀"原则。证明如下：在夜晚无法用短曝光时间拍摄星星，因此，无论在什么地方，采用短曝光时间都无法拍摄到星星。当面对非常明亮的光源时，这一说法也适用于人眼。在月球上，宇航员的眼睛看不到任何星星，因为太阳比一切都亮很多。阿姆斯特朗和其他宇航员在登月后不久的采访中也证实了这一点。

早在 1970 年，尼尔·阿姆斯特朗就在接受英国广播公司（BBC）的采访时说，漆黑一片的夜空中只能看到地球，却看不到任何星星。乍一看，这是一个有趣的说法，但当然，这并不是说天空中没有星星。每个人都能理解对此的解释。非常明亮的泛光灯足以澄清这个问题（例如，足球场上的泛光灯）。如果在足球场上透过明亮的灯光寻找夜空中的星星，则会发现眼睛会被强光蒙蔽，夜空中亮度相对较弱的星星会变得模糊。同理，在月球上看不到任何星星也就不足为奇了：星星的亮度比灯光还暗淡很多，如果与太阳光相比，太阳光比足球场上的灯光还明亮很多倍，那么星星在夜空中是不可见的也就不可避免了。在谈话中，阿姆斯特朗还讨论了关于在月球上测距的问题，将在第 7 章具体论述这一点。本书的最后一章还讨论了他在访谈快结束时谈论的对未来月球基地的乐观评估。

由于月球任务不是天文任务（见第 2 章），我们为天空中消失不见的星星找到了一个简单而合理的解释。登月否认者关于忘记在摄影棚天花板上安装灯具的论点是不合逻辑的，并且不具有充分的依据。

因此，它不能作为阴谋论的证据。

1970 年，英国广播公司对尼尔·阿姆斯特朗进行采访。

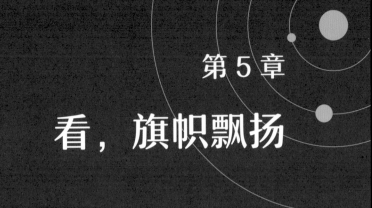

第 5 章

看，旗帜飘扬

月球上并没有风

没有空气就没有风。没有风，旗帜就不会飘扬。由于月球上没有大气层，人们会认为旗帜在月球上不会被风吹动。实际上，在登月计划中从未考虑过在月球上插一面旗帜。由于被列入计划的时间过晚，所以在月球上插美国国旗这一步骤是阿波罗 11 号的宇航员们唯一没有训练过的活动。[①]阿姆斯特朗和奥尔德林难以将美国国旗牢牢地插在地上，导致在飞船起飞离开月球时，强大的气流将那面美国国旗吹翻了。但现在，却有人指出，在美国宇航局的几次录像中，美国国旗插在月球上且随风飘扬。他们的论点是：在这几个视频中，美国国旗随风飘扬，因此，那些场景一定是在地球上拍摄的。

回顾上一章中关于夜空中消失不见的星星的问题，这个争论本身就很让人兴奋。上一章中，登月否认者对于消失不见的星星的解释为人们只是简单地忘记把相应的灯具安置在用于拍摄月球场景的摄影棚的天花板上。所以，视频同样也应该是在一个封闭的房间里拍摄的，对吧？那风从哪里来呢？有些场景是在摄影棚拍摄的，难道还有些是露天拍摄的吗？为了解决这一矛盾，必须假设这一幕是在摄影棚中拍

---

① 最初的想法是也要在月球插上其他国家的国旗。然而，这一想法很快就被美国国会抛弃了，因为有人认为，这项任务完全是由美国纳税人出资资助的。

摄的，但某处有一扇门开着，穿过的风导致国旗飘动（还有些人怀疑是空调的原因）。与消失不见的星星一样，在这里，我们也必须扪心自问，在策划一场真正的全球性骗局的时候，这样一个简单的错误是如何犯下的？

（图源：NASA）

阿波罗 11 号登月时的美国旗帜。

旗帜的运动状态

不过，让我们更加仔细地研究一下美国旗帜随风飘扬的说法。事实上，在美国宇航局发布的一系列视频中，宇航员插在月球上的旗帜的确有发生移动。然而，在任一视频中都可以发现，国旗移动都是因为有宇航员正在接触旗帜或旗杆，或是在其移动的几秒前刚接触过它。只有当旗帜刚刚或正在被触摸时，才能观察到其移动或"飘动"。阴谋论者引用了不同的视频片段，视频中的国旗会自动移动。但是，这些视频都被剪辑得非常短，它们都是由旗帜移动时直接开始的。这些视频让人更想探清在视频的前后究竟发生了些什么。幸运的是，大量的视频都是在月球上拍摄的，而且在许多情况下，这些被选定的短片都有对应的背后的故事。这背后的故事总是绕不过宇航员正在处理旗帜。仔细观察即可发现，完整的视频片段只被阴谋论者截取了一小部分，而完整的视频却能够清楚地表明旗帜正在被宇航员触碰。这样的一个例子就是阿波罗 14 号中的一张图片——艾伦·谢泼德和埃德加·米切尔在插旗帜时被遥控摄像机拍摄下来。

可以发现这样两件事：第一，旗帜不仅挂在垂直旗杆上，而且还挂在水平横杆上（美国宇航员插在月球上的旗帜有水平和垂直的两根旗杆）。因此，只有旗帜的下角仿佛在自由"摆动"。第二，可以发现，只有在旗杆被晃动的时候旗面才会摆动。旗杆不会像在风中那样跟随着旗面运动，正相反，旗面跟随着旗杆运动。因此，根本就没有风。这恰好与阿波罗 17 号中的场景相符合，旗面也是跟随着旗杆运动的，而非相反。再重申一次，只有当宇航员触碰到旗帜时，它才会晃动。

（图源：NASA）

阿波罗 14 号的指挥官艾伦·谢泼德和美国旗帜。

公平地说，我必须得承认，在月球上旗帜相应的摆动实际上看起来与在地球上预期的不同。事实上，人们很容易留下这样的印象：这是由风引起的。在某些场景中尤为如此，因为宇航员对旗帜的触碰，发生在相对旗帜运动较长时间之前。然而，我们不能忘记的是，月球上的引力比地球上的要小六倍。通过仔细分析旗帜的运动，可以通过振荡响应确定其运动没有问题，很快使是风引起旗帜飘扬的论点被否定了。

（图源：NASA）

阿波罗 17 号的航天员杰克·施密特和被插在地上的美国旗帜。

　　这里要再次应用"奥卡姆剃刀"原则。关于是风引起旗帜飘扬的说法需要大量的假设，并且这些假设在视频中根本就不明显。我们可以很正当地问，在视频中究竟"看到"了些什么。如果摄影棚里有风，那么它为什么总是在宇航员触碰到旗帜的时候才吹来（或者宇航员触碰到旗帜的不久之后），并需要进一步解释一下，摄影棚里的风究竟是从哪来的。一些阴谋论者认为，是安装在摄影棚的空调或风扇使旗帜飘扬，那么，为什么地面上的灰尘却未被吹起呢？

　　"奥卡姆剃刀"原则在此时又能够发挥作用。我们可以在登月视频中反复观察到，旗帜只有在被触碰时才会运动，如果没有被触碰，那么就不会发生运动。我们还注意到，当旗帜晃动时（这也只发生在航天员接触旗帜时），旗面所系的旗杆的运动总是发生在旗面运动之前，而非意料中的风吹到旗面并引起旗帜运动那般。因此，没有一个视频片段能证明有任何气流的存在。这与美国宇航局档案中的调查发现一致，根据"奥卡姆剃刀"原则，无疑应选择这一种解释。

第 6 章

一盏灯：倾斜的影子

光源及其形成的阴影

　　月球上只有一盏"灯"可以提供照明，而这盏"灯"恰好在很远的地方——那就是太阳。太阳的光束照射在地球和月球的表面上，产生相应的阴影。太阳相对于地球或月球上的任何设置都相距甚远，太阳与我们距离甚远，我们可以把它视为无限远的距离。我们可以假设来自太阳的光线彼此平行，因此光线照射在物体上所产生的影子也是彼此平行的。因此，如果我们拍摄影子，它们在图片上看起来也应该是平行的。但是，在许多登月行动的图片中可以看到宇航员、设备、仪器和岩石的阴影根本不平行。不仅如此，影子的长度通常也不成比例。有一张著名的图片，上面是两名宇航员彼此并排站立，但他们的影子既不平行，其长度也不成比例。看到这些图片的任何人应该都会像我第一次看到它们时一样恼火，因为这个现象与由遥远光源照射所产生的影子应彼此平行的这一事实相矛盾。这恰恰是登月行动的怀疑者所提出的反对意见。**如果由相对较远的光源引起的阴影不平行或长度显著不成比例，则这些阴影是由其他光源产生的。**换句话说，由于美国宇航局从未宣称有额外光源被带上月球，因此登月场景一定是在有多点光源的摄影棚中拍摄的。

　　这个论点没有任何异议。相反，这个论点是完全正确的——由一个遥远的光源照射所产生的阴影一定彼此平行。但是，就在月球上拍摄的图片而言，这个论点是错误的！由一个遥远的光源照射所产生的阴影均应为平行的，也就是说，呈现在图片上会是沿同一个方向，这种说法是不正确的。阴谋论者设下的小小的"陷阱"，也是我刚刚故意设下的陷阱，并即将呈现出来。在以上所描述的情况中，所有的光线都是平行的是绝对正确的，但并不是所有的阴影都会在图片上呈现平行状态。

（图源：NASA）

阿波罗 11 号宇航员巴兹·奥尔德林站在登月舱支架旁。

人类对世界的感知方式

想要找到这个完全是人为错误的原因，我们需要考虑人类是如何感知这个世界的，以及在整个过程中究竟发生了什么。"看"是一个如此平常的过程以至于我们基本不会意识到自己究竟在做什么。我们有两只眼睛而且生活在一个三维世界里。有了这两只眼睛，可以区分相隔约 20 毫秒的瞬间，因此，我们可以用每秒约 50 帧的速率感知周围的一切。此外，还可以用两只眼睛进行"三角"测量，以感知距离。当我们看附近的物体时，至少需要从两个不同的位置看它，才能估计它与我们的距离或相对位置。这两个位置是由两只眼睛提供的，或者通过移动头部获取。你可以试着闭上双眼，让另一个人在桌上摆放一个未知物体（为了排除日常经验）。现在，你只睁开一只眼睛，尝试估计物体的距离有多远。你将发现，如果不使用另一只眼睛，这很难。但是，如果所讨论的对象不在附近，而是相距很远，则双眼之间的距离不再足以视为从两个不同的位置进行观察。取而代之的是，必须站在两个不同的位置观测物体。估计与某物的距离的另一种方法是朝向或远离你所观测的物体移动。当对象的视图越来越近或者越来越远时，调整后的视图大小会使人对物体的大小有所了解。我们每个人每秒都会执行约 50 次这样的操作，而且其过程是如此自然，以至于我们很少思考。

回到非平行阴影的问题，其问题在于，我们在观看普通图片时总是"单眼"模式。[①]相机使用的是单镜头，并且所拍摄的相应图片无法传达如我们眼睛通常所见的三维信息。这阻碍了我们对所见的景象进行可靠的评估。有关地面纹理和布局的信息并不完整，而这对于评估影子长度起着重要作用，我将会举例说明。

---

① 此处不考虑3D图片和这种特殊技术。

　　如果在日落时分观察影子的长度，即当太阳几乎处于人眼高度时，将会注意到，此时影子明显比物体的实际高度要长很多，甚至可能是物体的实际高度的好几倍。显然，这是在非常倾斜的表面（以表面垂直于太阳方向的平面为参照，在这个例子中是地面）上的投影效果。但是，如果在表面垂直于太阳方向的墙壁（即竖立的墙壁）前测量影子，则影子将与物体实际高度差不多长。由此，我们可以很清楚地看到投影表面的坡度对所形成阴影的长度有影响。如果两个人并排站立，且两人的影子所投射到的两个表面的倾斜度不同，则影子看起来就不成比例。通常在不平坦的地面上（例如，在月球上）会发生这种情况。在这样的表面上形成的影子的长度不成比例并不都是异常的，相反，是完全正常的。如果我们没有从摄像机接收到任何其他的三维信息，即我们无法评估月球的表面，那么影子的长度不成比例就不足为奇了，并且很容易解释。

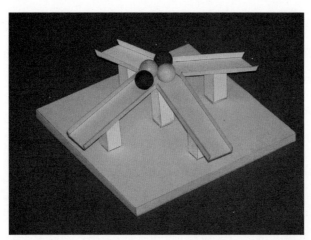

（图源：日本明治大学）

小球会"向上"滚动的四个坡道。

二维图片与三维世界

图片中显示的沿不同方向投射的阴影是将三维世界映射到二维的图片所显示出来的投影效果。这对于我们对图片几何形状的感知具有重要的影响。尽管乍一看这种现象似乎很不寻常，但是举一个例子就可以让你立刻明白这是怎么一回事。你在家里就可以轻松地理解这种现象。给你的浴室中的瓷砖拍一张图片。当你看瓷砖时，会发现瓷砖之间"或多或少"是平行的（当然，这个"或多或少"的程度取决于你家瓷砖的质量）。但是，当你查看拍的图片时，根据拍摄图片的角度，瓷砖接缝的线会沿不同的径向向外延伸——绝不会相互平行。如果你的浴室里没有瓷砖，也可以尝试另一种方法。在阳光明媚的日子里，拿两支铅笔插在地面上，中间相隔几厘米，再从数米以外用相机拍摄这两支铅笔的图片，但是要先将其中一支铅笔稍微向拍摄图片的方向倾斜，然后将另一支铅笔稍微向相反的方向倾斜。如果太阳从与拍摄图片的方向不同的方向照向这两支铅笔，则两支铅笔所投射的影子显然不会相互平行。但是，由于铅笔只是在朝向或远离相机的方向倾斜，因此，在图片中看起来影子是平行的。

因此，毫无疑问，可以从这两个示例中看出来，图片甚至视频是无法描绘出事实的，事实应根据我们自己的生活经历来解释。这种解释让我们通常认为图片中的影子不平行是完全正常的现象。画家们很清楚这个事实。在不担心自己艺术能力的情况下，尝试画出一条远离自己并向地平线延伸的铁轨，你会注意到，想要表现出深度的效果，画出的铁轨从底部到顶端需要不断靠拢，并且肯定不会是彼此平行的。如果你像我一样，没有太多的绘画天赋，你会很快注意到在画布上描绘深度是多么困难。

但是还有另外一个经常被忽略的事实！如果有人声称朝不同方向投射的影子就是由两个或多个光源所形成的，那么他们自然就需要解释为什么两个彼此相邻的物体或宇航员没有在多点光源的照耀下分别形成两个或者两个以上朝不同方向的影子。尝试在家里放置两盏彼此相邻的灯，并观察单个物体在光源下投射的影子，你会注意到一个物体会投射出两个影子。在使用泛灯光照明的夜间足球赛场上，所有观众都应见过类似的现象。那么，为什么在给定的登月图片中，即使宇航员和月球上的物体的影子不相互平行，但他们也没有分别投射出两个或更多的影子呢？

影子的倾斜和长度不成比例的现象是缺少三维信息的结果。更进一步来看，我们人类感知世界的过程是如此的自然以至于我们没有充分意识到其复杂性，因为我们时刻都在感知，并且在感知现实世界与二维图片时，我们几乎很难察觉有什么区别。当我们感知不寻常的、没有对比性的景象时，这种区别尤其重要。如果不是考虑到这一点，除了增加照明之外，对于倾斜的影子的确没有其他的解释。每个人都将图片和视频解释为现实世界的二维表示。令人惊讶的是，登月否认者在面对登月图片时并没有考虑到这一点。但是，既然月球上的相机和成像条件与地球上基本相同，我们对图片的感知方式应保持不变。因此，我们应该对与影子不平行、长度不成比例有关的论点持怀疑态度。而且，偶尔在生活中注意、观察一下影子也是一个不错的主意。

Apollo 16 号的岩石采集工具。

第 7 章

处理过的图片

消失的校准标记

抹黑登月事件的最主流的方法之一是，声称登月图片是"P"过的，即公布的图片是经过图片处理的。一些更夸张的例子包括，有三名宇航员在月球上的图片（许多人知道每次登月都只有两名宇航员同时在月球上），或图片上有从未被带上月球的物品（销售标志、骆驼、完整的船只——甚至还有一只骆驼在着陆舱里，太荒谬了）。我认为这些图片可以被归类为"笑话"或者"广告"，因为很容易发现和理解其荒谬之处，因此不需要解释。我将重点关注可能会引起观看者质疑的原始图片，这些图片可能被质疑登月行动的阴谋论者作为"证据"。

让我们从相机的基准标记开始。美国宇航局从一家名为哈苏（Hasselblad）的公司采购了一系列专门为在月球上使用而设计的相机。相机在焦平面上具有平行的校准标记或线条，在图片中会显示为清晰的暗色标记，彼此平行且间距相同。它们在图片分析中被用于测量月球上物体之间的距离。因为（美国宇航局）预计如果没有已知的校准标记，则很难确定月球上物体的距离和比例（请参阅第 6 章）。因此，所有原始图片都将这些校准标记显示为网格。①

有趣的是，仔细检查后，有几张图片似乎有问题。插入胶片焦平

---

① 顺便提一句，相机若没有取景器，宇航员则无法瞄准物体。

面的校准标记似乎被图片中的明亮物体覆盖。一种情形是，校准标记被美国国旗上的白色条纹中断。另一种情形是，白色天线似乎盖住了校准标记。这些本是不可能出现的情形。相机焦平面中的校准标记怎么会出现在被拍摄的物体的后面？因此，有这样的论点出现：相机的校准标记不可能被背景中的物体覆盖，因此图片是被处理过的。

　　从事实来看，乍看之下这是有问题的。如何证实几十年前在距地球约 30 万千米（18.6 万英里）的地方拍摄的图片是真实的？像我们在第 4 章中所讲的一样，在地球上进行一次验证实验就可以证实。与月球不同，地球上有大气层，但是除此之外，拍摄图片的条件完全相同。因此，我们可以从在地球上拍摄图片，并假设在月球上拍摄的图片也会有类似的效果。就像宇航员在月球上所做的一样——拍摄非常明亮的物体，然后我们就会很快意识到，明亮的物体表面的边缘会比周围较暗的背景明亮得多。想要捕获很细的物体（例如线）的图片，在光亮的背景下要比在较暗的背景下困难得多。并且，如果将线放在深浅相交的条纹图案背景前，则线在较浅的条纹前面看起来就像断了一样。因为，明亮的背景比线更亮。这不是对图片的处理，而是强烈反差的效果。顺便说一下，这与人眼的感知是类似的。如果我们注视着强烈的聚光灯，几乎不可能分辨出任何精细的结构。[①]

　　另一个质疑是，**在不存在任何明亮表面的图片上，校准标记也会消失**。一些来自互联网的图片被认为是这个观点的"证据"。我习惯首先检查图片的格式。在几乎所有情况下，图片都是 JPEG 格式的。这

---

　　① 在天文学中，在寻找太阳系外的行星时，对比度问题也是一个基本问题。极其明亮的恒星使整个周围黯然失色，以至于极微弱的行星实际上就被亮光所掩盖了。

种格式是由联合图像专家组（JPEG）开发的一种标准格式，通过图片压缩，将包含大量数据的图片用于网络传播。尽管压缩方法是可调整的，但是这种格式的缺点是，被压缩的图片受到可用存储空间的限制，图片的某些细节可能会在压缩过程中丢失。通常情况下，被上传到网上的图片都会在很大程度上被压缩。如果要检查登月行动的高分辨率图片，则应该从美国宇航局的网络档案中获取图片，而不是采用仅为了加快下载速度而被压缩过的图片。需要注意的是，由于原始图片经过了扫描过程，即使是高分辨率的图片，其质量也已经降低了。图片的历史记录也很重要。如果图片的历史记录是未知的，或者更确切地说，如果图片的发布者在图片发布以前对它们进行的处理是未知的，那么评估该图片或者通过该图片得出任何结论都应该更加谨慎才是。

（图源：NASA）

查尔斯·杜克在阿波罗 16 号流动站上，放大部分显示天线"覆盖"了一个校准标记。

消失的着陆器

对于另一组图片，即具有不同前景场景但背景却相同的图片，我们需要进行完全不同的分析。起初，这似乎并不奇怪，因为宇航员可以主动躲开任何设备的拍摄，这没有问题。但是，如果着陆器在某几张图片中出现，但在完全相同的背景和比例下，在另一张图片中着陆器却消失了，这似乎就有些问题了。一个著名的例子是，有一张前景中有阿波罗 17 号着陆器的图片，背景是一些山丘；另一张图片显示了完全相同的景观，但却没有着陆器。山丘和视野都没有改变，但着陆器却失踪了。怎么会这样？在图片中的其他一切都没有变化的情况下，着陆器哪里去了？明明是同样的景观，怎么会一张图片中有着陆器，而另一张图片中没有呢？**显然，在着陆器被推到场景中之前，摄影棚的摄影设备就意外开始录制了。**

为了进一步研究这种情况，我们仍从地球上的情况出发。但是，这次，我们要考虑地月的差异。如果你曾去过德国的科隆，就会发现那里的人们都以他们的中世纪大教堂为骄傲。在大教堂高 97 米（318 英尺）的南塔上，有一个观景台，从那里可以欣赏到整个城市的美景。[①]在晴朗的日子里可以看到七峰山延伸到波恩附近的南部地区，当地有

[①] 碰巧的是，土星5号运载火箭的指挥舱也是这个高度。一旦你站在教堂的南塔上，便可以感受到那台机器的巨大尺寸。

一个流行的游戏是猜测山脉延伸了多远。人们估计的长度通常都和实际距离差距不大（大约在 35 千米左右）。估计值往往相当准确，有以下几个原因。山脉周围云雾笼罩的雾气让我们有一种直觉，就是山脉距离很远。我们还可以以前景中的对象（例如建筑物）为参照物。在没有雾和可用于比较的参照物的情况下，估计距离就会变得非常困难。如果你曾经看过令人印象深刻的阿尔卑斯山脉的图片，但图片上面没有任何人、房屋或其他线索，然后突然发现；另一张几乎一样的图片上的山脉并不是阿尔卑斯山脉，而是喜马拉雅山脉，那么你就会了解这种欺骗。在图片上估计距离是很难的，因为如上一章所述，除了根据图片观察距离以外，我们也没有关于所使用的镜头及焦距的信息。[①] 例如，太阳或月亮在地平线上出现时往往比实际看起来要大得多。《E.T. 外星人》电影海报就是一个很好的例证：是电影主角的那个孩子骑着自行车在巨大的月亮前飞起来。任何人都可以通过使用具有长焦距的远摄镜头在地平线上拍摄如此巨大的月亮的图片。

所有这些都出现在带有阿波罗 17 号的月球着陆器的图片中。实际上，着陆器并没有移动，可以借助阿波罗 17 号任务中的其他图片来判断（这些图片可供登录美国宇航局服务器上的所有人使用），着陆器在距图片中所示地点约 3.2 千米（2 英里）远的（图片中未出现的）地方。背景中的山丘实际上是金牛座－利特罗山脉，其山峰高达 3 千米（9842 英尺），距离拍摄地点数十千米远。在没有参照物的环境中很难正确估计其距离。最重要的是，没有参照物，并且相机的设置也

---

① 月球上使用的哈苏相机是由蔡司公司开发的 Biogon 5.6/60 mm 镜头，具有非常高的对比度和清晰度，并且极大程度地避免了扭曲。

是未知的，准确估计距离几乎是不可能的。

（图源：NASA）

一张有阿波罗 17 号着陆器的金牛座 – 利特罗山脉的图片和一张没有
阿波罗 17 号着陆器的金牛座 – 利特罗山脉的图片。

（图源：NASA）

地质学家杰克·施密特（Jack Schmitt）在"特雷西岩石"（Tracy's Rock）
附近拍摄的图片及其放大图。

为了能够充分评估来自登月行动的图片，不能只看单独的某张图片，必须把所有图片放在统一的背景下分析。这包括分析图片的历史记录、拍照的技术及周围环境。如果不考虑所有这些问题，则很容易被误导。

（图源：NASA）

拍摄处距离月球着陆器约 0.8 千米。

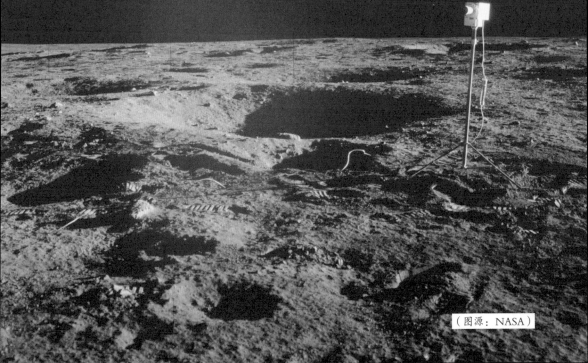

（图源：NASA）

约翰·杨的跳跃

月球明显要比地球小得多，因此重力加速度也比在地球上要低很多。在月球上，所有物体的重力都要比在地球上小六倍。虽然由此产生的类似慢动作的现象应该不足为奇，但在电视上一经播放就立即引起人们的注意。月球上的重力加速度比地球低 6 倍的物理事实已被每个人所接受，即使怀疑登月行动真实性的人也是如此。但是，持怀疑态度的人对此提出质疑：**所有这些视频都是在地球上的摄影棚中录制的，并以慢镜头的形式向公众播放，以模拟较低的重力。**

1978 年，好莱坞科幻电影《魔羯星一号》以令人振奋且引人浮想联翩的方式描绘了这一伎俩，并且那些认为美国宇航局能这么做的想法绝对是可以被理解的。如果考虑到慢镜头的日常使用情景的话，经常在电视上的各种体育节目中应用慢镜头，看到人们以极慢的速度在空中飞过，这并不是什么难以置信的事。但是，很少有人真正想过是否可以通过使用慢镜头播放来模拟月球上较低的重力。有大量的视频记录可以用来回答这个问题。这些也许是以慢镜头播放的视频记录不仅显示了宇航员的简单弹跳动作，而且还显示了其复杂的运动，所有这些运动都必须全部模拟出来。因此，原始记录提供了广泛的信息，非常适合用于检验以上的说法。可能有人反对使用美国宇航局的记录，并认为若要提供反证，应该用美国宇航局以外的机构提供的记录。但是，

约翰·杨仕敬礼时跳到了旗帜时附近。

（图源：NASA）

事实恰恰相反：既然是美国宇航局的记录受到质疑，更要使用这些记录来验证。

阿波罗16号执行任务过程中拍摄的片段就是非常适合用来验证的一个片段，宇航员约翰·杨站在月球着陆器前的美国国旗旁边，拍摄他的人是副驾驶查尔斯·杜克，他很爱国，要求杨站在国旗边并向国旗敬礼。约翰·杨在敬礼的同时，他跳起身来并再次落回到地面（顺便说一句，旗帜并未发生运动）。杨跳跃的高度和持续的时间是我们真正感兴趣的。实际上，宇航员的跳跃是在引力场上的简单物理实验。该实验非常有用，因为它显示了各参数之间的关系：重力加速度、跳跃高度和跳跃持续的时间。艾萨克·牛顿于1687年首次发表万有引力定律，成功地描述了这种关系。该定律不仅广为人知，而且还是现代科学的基础之一，我相信任何怀疑登月行动的人都不会对此定律提出质疑。

跳跃高度与慢放速度

首先，让我们检验一下在地球上是否可能会发生相同类型的跳跃。我们可以根据杨的身高估计他跳起的高度约44厘米。如果从沙地上跳起来，不做任何助跑，也不下蹲，在地球上仅此一项就是了不起的成就。受过良好训练的跳台滑雪运动员通过下蹲可以跳约50厘米（19.7英寸）

的高度，著名的跳台滑雪运动员斯文·汉纳瓦尔德（Sven Hannawald）的个人记录是 51.6 厘米（约 20.3 英寸）。只有跳高运动员或舞者全力以赴才能超越这个跳跃高度。因此，可以设想，像杨那样在几乎不弯曲膝盖（下蹲）的情况下就可以跳那么高，这在地球上是完全不可能的。如果还背着太空喷气背包，那就更不可能了。现在，许多登月否认者认为这个背包的重量不像美国宇航局声称的那么重，它只是一个由轻质金属制成的空心框架，表面以织物覆盖而已（摄影棚中并不需要真实的太空喷气背包）。但问题是，即使是重量极低的背包，再加上同样重量极低但是笨重的太空服，从沙地上跳 44 厘米高仍然是极其不可思议的。有人可能会反驳说，对于训练有素的宇航员来说，这样的跳跃实际上是完全可能的。甚至可能穿着太空服的人根本不是宇航员，而是运动员。不过，如果对比到斯文·汉纳瓦尔德的跳跃能力，就会发现，这种说法也不是很有说服力。

反复讨论一个人到底能跳多高对于了解事情的真相的帮助是有限的。因此，简单起见，让我们假设穿着运动服而不携带太空喷气背包的运动员可以跳到约 44 厘米（是否助跑是不相关信息）的高度。现在，让我们研究一下为了模拟在月球的视频，胶片播放的速度要放慢多少。为此，我们必须分析整个跳跃过程，而不仅仅是跳跃高度。换句话说，我们必须考虑完成跳跃所花费的时间。通过简单的物理观察和一些计算，就会发现，在地球上的跳跃，从起跳到落地，应该需要 0.6 秒。然而，在影片中，整个过程为 1.47 秒。这意味着必须将影片播放速度减慢 1.47 除以 0.6 倍，即 2.45 倍。

这是一个重要的结果。因为一些阴谋论者声称，如果将视频以两倍的速度加速播放，宇航员的动作看起来会完全自然。但我们知道，要使在月球上的跳跃看起来像是在地球上的常规跳跃，将需要以 2.45 倍的速度加速播放，而不是 2 倍的速度。乍一看，这个结果与此前预期结果的差异似乎是无关紧要的。但是，这是证明登月真实性的一个确切的证据。数字 2.45 是 6 的平方根。在跳跃高度与重力加速度之间的物理关系中，跳跃持续时间是平方根。[①] 由于月球上的重力加速度仅为地球上的重力加速度的 1/6 倍，从根本上讲，6 的平方根的结果（即 2.45）是一定的；幸运的是，这正是我们通过分析跳跃视频得出的数字。通过约翰·杨的跳跃可以确定月球引力场的强度，无意中对月球的质量进行了独立验证。我们还不清楚为什么阴谋论者经常提到 2 倍这个说法，但这显然是错误的。因此，这段视频并未提供任何的证据证明登月行动是假的。再问一个问题：如果此场景是以慢镜头播放的，工程师们怎么能如此聪明地选择了物理学角度正确的慢镜头播放速度，却又如此粗心地忘记把人造星星安置在摄影棚的天花板上呢？

以 2.45 倍慢镜头播放

既然我们已经确定了在地球上拍摄的视频必须以合适的播放速度

---

① 距离 s（$s = 2 \times h$，跳跃高度为 h）的计算公式为 $s = \frac{1}{2} \times a \times t^2$，加速度 $a = 9.81 \text{ m/s}^2$，跳跃持续时间为 t。求解时间 t，得到 $t = \sqrt{2s/a}$。但是由于月球上的加速度是地球上的 1/6 倍，所以在地球与在月球上的跳跃持续时间之比将是 6 的平方根，即 2.45。

播放才能使视频看起来就好像是在月球上拍摄的一样，我们可以对所有其他视频进行此项测试。我们将在月球上拍摄的视频以 2.45 倍的速度播放。如果这些视频是在地球上拍摄的，那么宇航员的动作将看起来是非常真实的。但是，如果你这样做，将会看到一些非常奇怪的现象。如果所有视频都加速播放，那么不仅受重力影响的动作看起来应该是以正常速度进行的，而且所有其他动作也都应该看起来都是以正常速度进行的。例如，手臂的动作。在此前研究的影像中，杨站在国旗旁边敬礼。但以更快的速度播放该片段，由于手臂的动作太快，便出现了早期电影特有的滑稽效果。杨本可以正常挥动手臂，正如我们在原始的没有加速播放的视频中看到的那样。这种矛盾清楚地表明影像的播放速度本来就没有被调慢，并且杨的跳跃真实发生在月球上。此外，还有跳 44 厘米高的问题，一个顶级运动员跳到同样的高度实际上是难以完成的。除此之外，跳跃持续了 1.47 秒，为了使跳跃持续如此长的时间，宇航员就必须在地球上跳跃 2.64 米（8.7 英尺）高，然而这就打破了跳高的世界纪录。

其他视频片段就有更多问题了：宇航员如何在不用手支撑的情况下轻松地从跪姿站起来？或者如何在没有动力的情况下从俯卧撑的姿势站起来？在第二次登月时，约翰·杨带着探测仪测量土壤密度时跌倒了。之后，他以一种在地球上如果没有外界帮助的情况下完全不可能的方式摆动身体又站起来了。即使以 2.45 倍的速度播放此段视频，看起来也没有那么令人信服。这些镜头清楚地表明，视频绝不是通过慢镜头播放的。借助 20 世纪 60 年代的特效技术，甚至借助绳索，这些动作都是不可能实现的。再者说，如果没有月球上的较低的引力场，就无法解释尘埃回旋的现象。

因此，以慢镜头播放的论点实际上更能够证明登月行动的真实性，而非否定其真实性。杨和杜克的物理实验证明，月球引力只有地球引力的六分之一，正如牛顿的万有引力定律所解释的那样。所谓的登月视频是以慢镜头播放的说法，不能通过可观察到的事实来证明。即使从逻辑角度来看，它们也与其他说法不一致。由于以上原因，这种说法无法用来证明登月行动是假的。

第 9 章

望远镜能看清一切吗？

不能观测到的着陆器

为了顺利完成任务，登月计划的任何环节都必须追求极致地高效。月球火箭必须尽快释放无效的载荷才能保证其运行在设计的轨道上，多级火箭技术应运而生。多级火箭技术指某一级火箭的燃料消耗殆尽后，这一级就会主动脱离或者被抛掉（事实上，火箭无外乎是一个大燃料箱，其底部连接着发动机）。无论是出于技术可行性还是经济性的考虑，多级火箭技术至今都没有其他可行的替代方案，因此，直到今天仍然被所有发展航天事业的国家所应用。这项技术在月球上也是完全适用的：登月舱的着陆器，包括助推器和燃料箱，后来作为返回舱的发射台，至今仍被遗留在月球表面。着陆器伸出了四个支撑架，支撑架对角线的直径跨度达 9 米（29.5 英尺）。这引发了一个质疑点：**人类已经可以用望远镜观测到数百万光年之外的星系，那么月球上巨大的着陆器应该很容易用望远镜观测到。然而直到今天，仍然没有一个天文学家能够提供一张着陆器的图片。因此有人推断，着陆器不可能在月球上，整个登月事件就是一场骗局。**

其实，要解释清楚这个质疑点非常简单——提出这种观点的人既没有搞懂光学系统的原理，也忽略了常识。我们可以反问一个问题：我们如果能够轻易地看到距离我们 30 万千米（18.6 万英里）外的月球上的物体，却为什么不能看清几百米外的一个朋友的脸呢？答案似乎非

（图源：ESO/H. H. Heyer ）

欧洲南方天文台（ESO）的四台望远镜（位于智利塞罗帕拉纳尔山）——
世界上最大的望远镜之一。

常浅显：月球上的物体很大！就这么简单！单凭直觉你就能认识到这个论点的荒谬。

角度大小与分辨率

但是，想要从根本上理解上述二者的关联性，就必须先明确一个物体的实际大小是如何被感知和确定的，再考虑我们能够感知的极限是什么。基于这些要求，我们首先来研究一下光及其传播的物理原理。别担心，我们并不是要在此讨论复杂到让物理学家都难以理解的光动力学，我们只是关心光传播的几何特点。如果想要观测太空中宏观意义上大尺度的物体，如月球或其他星体，可以直接使用古典的几何学知识；在高中数学课上学习的三角学测量和相关定理（可以回忆一下正弦、余弦、正切等定理）正是古典几何学的基础。如果想要研究一个小尺度的物体，想知道在能看清物体细节的前提下物体的最小尺寸（如附近朋友的脸或者月球上的着陆器），那就必须明确分辨率；而分辨率又取决于你采用了什么样的观测设备。显然，望远镜相比于人眼可以看清更远处的物体的细节。

1. 角度大小。如果你以一定距离观测一个远处的物体，是无法获取物体的几何尺寸信息的，或者说无法确定它的真实大小。假设在1000米外有一辆汽车，当然你可能知道一辆真实的汽车有多大，但这

（图源：哈勃 / 欧空局）

哈勃望远镜拍摄的位于 Canes Venaici 的螺旋星系 Messier 51。

仅仅是基于你的经验判断。从光学感知的角度来说，它既可能是 1000 米外一辆真实的汽车，也可能是尺寸缩小 100 倍、距离拉近 100 倍（10 米外）的一辆玩具车。只要距离和尺寸选取的相匹配，二者从光学感知的结果上看是一致的。再举一个例子：你可以手持一根杆并伸到面前，然后闭上一只眼睛；另一只手拿着一根长度减半的杆，放在你的眼睛和第一根杆之间；调整第二根杆的位置直到它完全遮住第一根杆。你会发现，第二根杆到你眼睛的距离，正好是第一根杆与你眼睛的距离的一半。即使两根杆的长度不同，但以适当的距离放置后，它们看起来也是相同长度的。通过这个简单的实验，可以看出，只有在知道与观察对象的角度大小和自己与观测对象之间的距离的情况下，才能确定该观测对象的真实大小。[①]

2. 分辨率。任何光学设备，无论是眼睛还是大型望远镜，如果两个物体相距足够远，都可以将之识别为两个独立的物体。同样，角度大小是重点需要测量的，但是这次是测量两个物体之间的最小角距离，在这个角距离上，眼睛或望远镜几乎无法将这两个物体识别为两个独立的物体。所谓的"分辨率"，它受光的波状特性的影响，它仅由瞳孔或望远镜光学器件的直径（口径）所决定，而不是其他任何因素。

人类的瞳孔直径会自动根据亮度调整，如果直视明亮的光线，瞳孔直径会迅速缩小。但是，在黑暗中，瞳孔放大的速度要慢得多，几分钟后瞳孔才会达到最大尺寸——通常约 6 毫米（0.25 英寸）。这使人可以感知 100 米（328 英尺）以外的两个相距至少 10 厘米（4 英寸）

---

① 这个小实验中，我们用了一组基本几何定理。

的物体。现代大型望远镜的直径比瞳孔大 2000 倍，可以分辨距离 100
米外彼此相距 50 微米（0.002 英寸）的物体。也就是单根头发的粗细，
真是太神奇了！分辨率必须始终以角度（或一段距离和物体的宽度或
直径）来表示。对于同一光学系统（即我们的眼睛或望远镜），此分
辨率是固定不变的。当我们探讨物体的空间最小区分距离时，必须要
指出物体与观察者之间的距离。人类的眼睛可以分辨出 100 米外相距
至少 10 厘米的两个单独的物体，但是如果在 1000 米的距离，最小区
分距离就变成了 100 厘米（25 英寸）。

于是我们就明白了世界上最大的望远镜可以看到几亿光年之外的
星系，但是其分辨率只有几千光年。它是如此之大，以至于不可能在
紧密聚集的恒星簇中区分出单个恒星。如果要在这些遥远的星系中分
辨这些恒星系统的行星，那是完全没有希望的，因为行星的直径比望
远镜在此距离上的分辨率小几百万倍！如果我们将这个不可避免的事
实（我们是无法欺骗大自然的）应用于月球，该距离下的分辨率约为
20 米（66 英尺）。因此，即使使用世界上最大的望远镜，我们也无法
观测到着陆器和在月球上留下的其他设备。即使使用口径为 40 米的望
远镜，着陆器看起来也只是模糊的一个点，我们仍然要面对关于图片
没有提供任何登月证据的指控。

如果用望远镜可以看到遥远的星系，那么也可以很容易地看到月
球上的物体，这一论点是没有物理学依据的，这是错误的！

第 10 章

有害的辐射

危险的太空

太空并不是一个安全的地方。人类必须依赖氧气才可以呼吸（然而太空是真空状态的），并应用坚固的庇护所来保护自己避免被始终高速飞来飞去的大小陨石伤害。这两个问题都可以通过太空舱或太空站在某种程度上得到解决，太空舱或太空站如今提供着尽管昂贵但舒适的住宿条件（可接受的食物、洗浴设施、厕所和私人睡眠区）①。尽管还没有在太空上建设酒店和酒吧，但已有的这些设施应该可以让人在短时间内忍受。

但是，还有另一种完全不在一个水准上的威胁，这种威胁我们既看不见、摸不着，也觉察不到，那就是辐射。宇宙中充斥着高能辐射和粒子，这些源于宇宙深处的粒子的起源我们至今仍不完全清楚。然而，辐射对生物体的影响已被很好地分类。长时间暴露在高能量辐射下会严重损害人的健康，甚至可能会导致死亡。对我们来说，太阳是最强的辐射源，在太空飞行任务中，NASA 仔细观察了偶发的几次太阳爆发。无论是太阳粒子事件还是日冕物质抛射，都在接近地球时受到密切监测。

---

① 登月行动时，太空站上还没有配备厕所，宇航员只能使用塑料袋解决方便的问题。

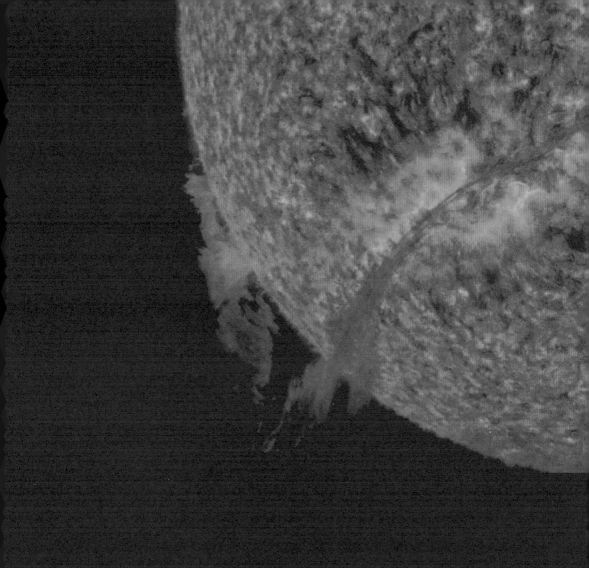

2010 年 12 月 6 日，由美国宇航局太阳动力学天文台拍摄的太阳黑子爆发图片。

（图源：NASA）

太阳黑子爆发的活动呈周期性地波动，活动周期约为 11.2 年。碰巧的是，所有登月行动都是在该周期的高峰期进行的，也就是太阳黑子爆发频率最高且最强烈的时期——事实证明，肯尼迪总统并不是一位太阳物理学家。

在飞往月球的过程中，发生强烈太阳黑子爆发的概率及其对机组人员健康和生命所构成的风险系数都非常之高。美国宇航局公开承认，所有登月宇航员当时都赌上了自己的健康和生命。如此高的赌注仅适用于大多数开拓性的探险作务。例如，由罗尔德·阿蒙森（Roald Amundsen）率领的探险队在前往南极的途中一直冒着生命危险，埃德蒙·希拉里（Edmund Hillary）和丹增·诺尔盖（Tenzing Norgay）在前往珠穆朗玛峰的途中也是一样。

范·艾伦带

有一个特别危险的地方——地球辐射带（也称为范·艾伦带，是以发现它们的人的名字命名的）。这两条辐射带环绕着整个地球，一条在 700 至 6000 千米（435 至 3700 英里）的高度之间，另一条在 15000 至 25000 千米（9300 至 15500 英里）的高度之间。它们保护着地球上的居民免受危险的太阳爆发的影响，如果没有它们，地球上可能不会有任何生命存在。辐射带是由地球磁场产生的。它们包含高浓度的高能粒子，因此长时间停留在辐射带中会对人类健康造成严重损害。即使在太阳黑子活动周期处于最小值时也是如此。而且，我们通过原子弹试验以及后来的核辐射试验已经了解了放射性物质的辐射对人体的影响。

如果想从地球飞向月球，那么穿越范·艾伦带是不可避免的。尽管如此，如果可能的话，仍应尽量避免高剂量的辐射。阴谋论者提出的论点是这样的：由于范·艾伦带中存在强烈的辐射，所有登月的宇航员都会接受致命剂量的辐射。因此，飞往月球实际上是不可能实现的。

自然辐射在地球上也存在，可以由氡气和钾等地质源释放。存于人类体内的能量及相关的有害影响取决于剂量（能量强度）和暴露于该辐射下的持续性时间。由于自然辐射源的强度较低，因此人们在此周围生活也不会有任何问题。在高辐射水平的区域（例如，核电工业的某些区域、放射医学领域或范·艾伦带）中，情况就不同了。在此类区域，应注意不要长时间暴露在辐射下。

我经常听到一种说法，厚厚的铅板能够有效防止辐射。在大多数人的想象中，铅板是必须要准备的。这种想法是可以理解的，因为他们不懂核物理。太阳风主要由氦原子核、质子和电子组成。与高能电磁波相比，所有粒子在与任何材料接触时都只有非常低的穿透度。因此，如阿波罗任务期间为紧急情况而计划的那样，使用薄层材料可使重粒子辐射的影响维持在可接受的范围内。如果发生太阳风，太空舱或燃料箱墙壁最厚的区域将转向太阳风的方向。铅屏蔽仅在处理更强的电磁辐射（所谓的伽马辐射）时会用到，这种电磁辐射具有很高的穿透能力。电磁辐射的一个典型例子是在医院照的 X 光片。但是，只有很少量的强伽马辐射来自太阳，因此，在太空飞行期间不必对此类辐射采取防护措施。

虽然辐射强度以不同单位表示，但剂量当量希沃特（简称"希"）考虑了辐射的生物效应，并用于理解人体可接受的剂量，通常用于医学中，非常适合评估辐射及其有害影响。核物理中通常使用的表示辐射强度的单位使用起来并不直观，因为大多数读者并不了解为了理解该单位所需具备的相关知识。但是，应该始终意识到强辐射会产生致命的影响，并且辐射的影响会随着时间的推移而在体内累积。[1]

但是，让我们回到在范·艾伦带会受到致命辐射的这一观点，并看以下几个比较值：

- 0.5 毫希（0.0005 希）是来自太空的最大年辐射量。

- 人类通常每年从人造辐射源（例如 X 射线）接受 2 毫希的辐射量（0.002 系）。法定最大可接受剂量为 20 毫希，这与每千名受 20 毫希辐射的人中会有一个患癌症的风险的统计结果相关。

- 在最长的阿波罗飞行任务中（阿波罗 17 号，飞行时间为 302 小时），宇航员接受了 9 毫希（0.009 希）的总辐射量。

---

[1] 有趣的是，我已经习惯了在我需要拍 X 光片的时候问我的医生或他们的工作人员我接受的辐射剂量。这个问题几乎总是引起一些不安和骚动。一位放射学助理甚至说，辐射会随着时间的推移而"降解"。随后我就换了一位医生。

- 在许多国家 / 地区，每年人体可接受剂量上限定为 20 毫希（0.02 Sv），这也是航空运输业人员（飞行员、空服人员）在大约 10 年内接受的平均剂量。

- 3 毫米厚的铝板阻挡下的范·艾伦带每小时的辐射峰值为 50 毫希（0.05 希）。

- 在许多国家和美国宇航局的宇航员的工作生涯中，最大允许剂量为 400 毫希（0.4 希），即年度剂量极限的 20 倍。这使患上癌症的统计风险增加到每千人中 20 人。

- 2000 毫希（2 希）是日本广岛原子弹爆炸中心的 1370 米半径内的辐射剂量。暴露于此剂量辐射的所有人中，大约有 20% 在爆炸后死亡（但是，90% 的人都死于炸弹的直接爆炸效应）。

- 如果一个人接受了超过 10000 毫希（10 希）的强辐射，那么这个人肯定会死。这相当于在切尔诺贝利核电站周围重污染地区的半径为 30.6 千米的范围内生存了一年的时间。

这些数字表明，即使是执行最长月球任务的宇航员所接受的辐射也远少于大多数国家所允许的年辐射量上限。苏联"礼炮 6 号"飞船的宇航员在其 4700 小时的飞行中接受的最高辐射量约为 55 毫希，几乎是大多数国家或地区规定的最高年辐射量的三倍。没有一名苏联或美国宇航员表现出明显的辐射损伤。因此，宇航员飞过范·艾伦带时不会受到致命的辐射。由于轨道力学的要求，宇航员需在几天内通过范·艾伦带（穿过范·艾伦带的总时间约为一小时）并快速到达月球，所以谁也不能说宇航员在此过程中受到了辐射的任何危害。

第 11 章

极热与极寒

月球上没有空气，由于月球质量较小，无法产生足够的引力，不能将气体分子大量吸附在月球的表面，所以月球上几乎没有大气层（与太阳系内其他的行星的大气层相比，月球的大气层是可以忽略不计的）。月球表面的大气层远低于地球海平面大气层密度的百兆分之一。月球上和地球上一样，都有白天与黑夜。月球上的一个白天的时间接近地球上的两个星期，一个黑夜的时间也接近地球上的两个星期。

由于这两个原因，太阳辐射能够不受任何阻碍地直接到达月球。白天，在阳光垂直照射的地方，温度高达 110 ～ 140℃；夜晚没有光照时，温度则降低至零下 130 ～ 180℃。昼夜交替之下，这里确实是一个极端条件下的沙漠。

为了在这样恶劣的环境中保护宇航员，每件太空服实际上都是多功能一体化的、可控温的。不仅人类需要环境控制和生命维持系统的特殊保护，任何被带到月球上的物体都必须能够耐高温。敏感的设备需要格外小心，对于常常遭受质疑的手持相机来说尤为如此。因为那个时代的相机常使用的是由赛璐珞制成的化学胶片，这种材料是非常敏感的，且不耐高温。存在这样一种争议：在登月期间使用的由赛璐珞制成胶片会在如此高的温度下融化。因此，根本无法在月球上拍照。

这个争议是可以理解的。赛璐珞是一种热塑性材料，在相对较低的温度（约 64℃）下就会开始熔化。在超过 100℃ 以上时，传闻在月球上使用的柯达胶片肯定不能用作胶片介质。当胶片融化时，怎么还能在月球上拍照呢？

与解决先前的阴谋论者的论点一样，需要对所使用的术语进行精

（图源：NASA）

胸前挂着哈苏相机的查尔斯·杜克正在一块岩石上工作。

确的物理界定。如果要在适当的背景下讨论"温度"，则首先必须确切地了解温度是什么。当我说"我很热"时，每个人都明白我的意思，但没人确切地知道我有多热，以及其他人对相同的温度的感觉。

当然，我们都知道，不同的人对温度的感知可能有所不同。这种看法因人而异，但也取决于我们无法控制的其他条件。例如，冷的感觉被认为是空气湿度和温度共同的作用。一方面，它可能是令人感到不适的"湿冷"，另一方面，我们也可能感觉到的是更容易忍受的"干冷"。

同时，物理学需要客观的标准，该标准可用于评估观察结果，并且在任何情况下均有效。在这种情况下，"温度"实际上只是能量的另一个术语，所描述的能量是分子的运动。分子运动得越快，其所拥有的能量就越多。因此，当我们描述日常生活中的温度时，我们实际上是在描述分子的运动速度及其传递能量的能力。当你坐在温暖的炉灶前时，可以感觉到温暖的一种方法是通过周围温暖的空气。热量传递依靠分子振动和位移，这些分子通过碰撞产生热量传递。水特别容易吸收和传递热量，这就是为什么在潮湿和寒冷的天气下会感觉比在干燥和寒冷的天气下更容易被"吸走"身上的热量的原因。另一种众所周知的热量传递的方式是热辐射，我们可以从太阳中吸收大量的热辐射。能量的来源是光：光子根据光的颜色携带一定量的能量。光子从能量源出发，最终撞击物体并向其传递热量。

月球上没有大气流动。如果有人描述月球上的"闷热"的高温，这是没有任何依据的。由于月球上没有大气层，因此不存在任何气体可以作为传热介质，而仅剩下辐射作为月球上的热源。随之而来的是，一旦消除了作为能量来源的辐射，就不再有任何能量转移到月球，它会迅速变冷。因此，月球的阴暗的一面是冰冷的，并且从月球无光照的一面转到有光照的一面，其温度转变是突然的。然而，登月宇航员并未将相机放置在炎热的月球土壤上（温度可能超过 100℃）。因此，我们不禁要问距离月球地面一米左右的位置处的温度为多少？

相机在没有大气流动的情况下仍然可能会升温，但是这个过程进行得非常缓慢——太阳的热辐射是唯一可以使其升温的方式。它们吸收辐射的热量，直到吸收的热量与从相机散发出来的热量达到热平衡为止。这意味着在特定温度下，相机将释放与吸收的能量一样多的能量。随着更多的太阳辐射被反射掉，所谓的平衡温度就会降低。如果相机暂时处于阴凉处，则不再吸收新的热量，而热量继续释放出去，从而进一步降低了平衡温度。以哈苏相机为例，该相机涂有可以很好地反射阳光的银色涂料，相机的平衡温度约为 30℃。你可能会注意到，这远低于阳光照射的月球表面的温度和胶片的融化温度。

解决胶片融化问题的方法其实很简单，只要你清楚自己真正在讨论什么，然后得出正确的结论。

第 12 章

着陆器的排气羽流和着陆坑

湍流与层流

当登月舱接近月球时，它通过使用着陆引擎（着陆器）来减缓下降速度，该引擎能产生 45000 牛顿的推力，这个推力在月球上相当于 27 吨（约 270 千牛）。当登月舱着陆后，由于月球布满灰尘的表面遭受如此大的冲击，月球上会形成一个明显的由发动机排气羽流产生的着陆坑。虽然宇航员报告说月球表面的物质像面粉一样细腻，但在不同场景下拍摄的图片却证实，这样的着陆坑并未产生。于是产生了相应的论据：显然，他们忘记了在摄影棚中安置一个排气坑，因为如果一台火箭发动机以几万牛顿的力向着陆区排气，也肯定会形成这样一个着陆坑。

从第 5 章中，我们已经知道，登月否认者认为月球没有大气层。事实证明，在这种被广泛接受的条件下，登月舱着陆并不产生排气羽流坑是完全合乎逻辑的。但这是为什么呢？

在空气等介质中流动的气体通常是湍流的。它们中的分子任意碰撞，随机反应。最明显的例子是，当人们快速骑自行车时，他们的头发将会随风飘动，而不是笔直地向后立着，没有任何变化（展现这种效果的一个更有趣的方式是乘坐敞篷车，但这不是重点）。在一些广告中，头发竖直向后看起来很奇怪，因为我们日常习惯了湍流的风，所以根本无法想象无湍流运动（即层流）。**湍流还解释了地面火箭发**

射时排出的尾气所造成的漩涡状的云。火箭升空时，一个令人印象深刻的排气羽流伴随雷鸣般的轰鸣而释放出来，这是湍流及其产生的相应声波的示例。如果没有湍流，当火箭消失在天空中时，你只会听到嘶嘶声。但是，在真空空间中，没有介质来阻挡逸出的气体，因此，排气羽流不会产生任何湍流。羽流中的所有粒子都沿着明确的流线运动，悄无声息地远离喷管。

　　火箭发动机的两个主要部件是燃烧室和排气喷管。前者是燃料和氧化剂被点燃并加速至高速的地方，后者是在某一特定方向上进一步加速粒子的地方。在没有湍流的真空空间中，排气羽流比在大气中膨胀的更广。这很简单，因为排气喷管外对排气羽流施加压力的分子较少，所以在气体离开喷嘴锥后，羽流的膨胀仍在继续。结果是，相比于在喷嘴外部的大气压力下的气体，该气体的流动方向具有更多的可能性。排气羽流的相当大一部分膨胀到它被侧向喷射的位置，这意味着任何可能由主要向下的推力作用形成的小着陆坑，都会被侧向的推力推向更远。此外，由于缺乏大气，月球上的尘埃颗粒不会受到任何空气动力阻力。如果月球上的尘埃被吹走，再落回地面，其距离比我们通过在地球上的经验预测的要更远。

登月舱的着陆程序

　　另一个要考虑的方面是登月舱的着陆程序。当登月舱减速从月球轨道降落到月球时，使用的最大推力约为 27 吨（约 270 千牛）。尽管绕月球轨道运行所需的速度几乎比绕地球轨道运行所需的速度低 5 倍，但它仍然接近每小时 6000 千米（每小时 3700 英里）。在着陆之前，登月舱被减速到似乎悬浮在月球表面的程度，发动机的推力被降低到大约 2.5 吨。大多数人不知道的是，下降发动机实际上是在离地面 1.7 米（5.6 英尺）的高度关闭的！这听起来很冒险，但是鉴于月球上的重力较低，这根本不是问题。在阿波罗 16 号登月后的相应视频镜头中，均显示了无湍流的排气羽流以及发动机关闭后登月舱随后的自由落体运动。此外，登月舱并非总是垂直降落在月球表面上的，而是以相当大的横向速度向下浮动。当阿波罗 11 号的登月舱将要降落在一块巨石上时，尼尔·阿姆斯特朗（Neil Armstrong）开始手动控制登月舱，以"延长"着陆的方式飞越了巨石。由于尼尔·阿姆斯特朗修正规迹的这一计划外的操作，最终的着陆过程令每个在地球上观看的人都极其紧张，这导致休斯敦的任务控制中心忘记做出有关降落过程的任何其他指令。不管怎么说，这也导致登月舱以相当大的水平速度着陆。其中一个很容易发现的结果是月球土壤被推到了着陆器支撑架前。由于长时间的降落，发动机排出的气体分散在地面上，对任何一块土地产生的影响都非常短暂。

由于尘埃颗粒被吹走时没有空气阻力，下降过程中发动机推力降低，随后发动机熄火，再加上横向推力分量的综合作用，可以得出以下结论：着陆坑是不可能出现的。只有在地球上现有的条件下才能形成这样一个由排气产生的着陆坑。因此，出现了一个自相矛盾的现象：要么月球上有大气层，那么存在迎风飘扬的旗帜是完全正常的；要么月球上没有大气层，那么没有排气羽流坑是完全正常的。关于登月的两种论据相互矛盾！

（图源：NASA）

巴兹·奥尔德林与早期阿波罗科学实验包。

还有另一种非常微妙的论据证明登月确实发生过，它可以在着陆前公布的图片中找到，所有相关的图片都描绘了着陆器排气造成的着陆坑。因此，实际登月的图片和着陆前公布的相关的图片是支持登月事实的论据，而非反证。如果他们真的想伪造一次登月，那么为什么不使用他们期望的着陆坑的场景呢？再者，技术人员的健忘和无知将不得不被用来支持这样一个反对登月事实的论点，就像它被用作天空中没有星星的论据一样。根据"奥卡姆剃刀"原则，这样矛盾和错综复杂的假设应被剔除。

（图源：NASA）

支撑架处的月球土壤。

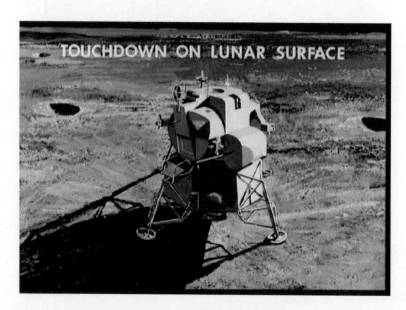

登月舱的艺术表现（包括着陆坑，在登月前制作）。

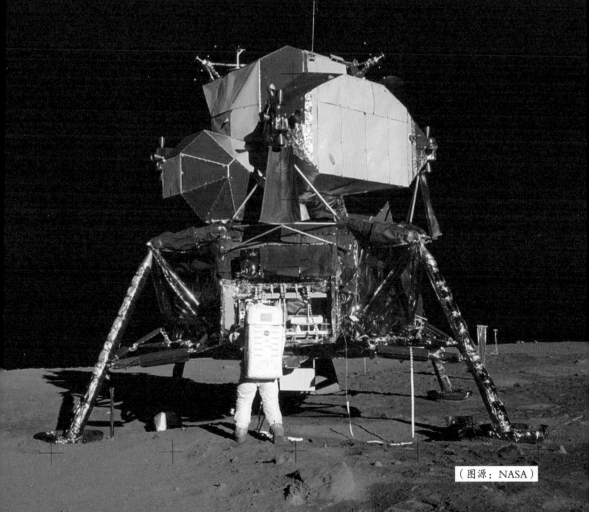

第 13 章

还有其他证据吗?

（图源：NASA）

太空服十分坚硬

太空是一种真空环境。为了在太空中生存，人类需要一个能够像在地球一样保持 0.1 兆帕气压的加压容器，也就是所谓的太空舱。那些想离开太空舱的人则需要一个配备生命支持系统以及提供加压环境的太空服。同时，太空服也需要具有足够的移动性和柔韧性，能让使宇航员在穿戴后仍能正常工作。

太空服实际上是十分笨重和坚硬的，这会导致宇航员的行动受到严重阻碍，但是他们却不能没有它。宇航员们在月球和地球轨道上使用的工具是定制的，能够与厚的太空服手套配套使用。毕竟，太空服不仅能够控制环境条件和提供可容忍的工作条件，还可以保护宇航员免受极端温度和微陨石的伤害（这些微陨石可能会以 50 倍的子弹速度击中宇航员）。当在失重的环境下进行艰苦的工作时，人体会开始大量出汗，此时，太空服的环境控制功能可以为人体降温。太空服有多层塑料保护，可以确保其不会因为与外面真空环境之间的显著压力差而过度膨胀或破裂。但是手套呢？它们没有任何保护层来防止自己过度膨胀。因此，可以得到一个论点：**在气压差为 0.1 兆帕的情况下，太空服的手套会相应地膨胀到汽车轮胎那样的硬度，此时没有人能够在手套中移动自己的手。**

该论点可以在实践中得到证实。美国一位著名的月球登陆评论家拉尔夫·雷内建造了一个密封的手套箱，里面装有橡胶手套。在将手套箱里的空气抽空后，他便很难用手去移动手套了。在特拉华州的 ILC 工厂的太空服开发商在 1962 年开始为阿波罗计划设计太空服时就意识到了这一问题。他们能够解决这个问题的原因是他们意识到了上述论点所需的假设以及拉尔夫·雷内进行的测试都是错误的。实际上，太空服和手套不仅仅类似于简单的橡胶气球，而是一种高度复杂的设备。手套和太空服必须既具有柔韧性，又能承受比子弹速度更快的微陨石的撞击，这是通过制造一个根据宇航员的手形塑造的加压气囊而实现的。位于气囊顶部的手套，其内部材质为尼龙浸渍的氯丁橡胶，然后对该层进行加固，以达到指定的材料刚度。为了使手套具有柔韧

（图源：NASA）

尤金·塞南在 ILC 工厂试穿他的太空服。

性，要将手套的内部压强降低到正常气压的 30% 左右，这使材料的表面张力相应地下降到具有足够的柔韧性，以便能够更加灵活地进行操作。手套的外层是由极其昂贵的铬钢编织而成的，该编织物被称为Chromel-R。

有些人会说，把手套的内部压力降低到如此低的程度会导致宇航员手上的血液沸腾，但这种说法是错误的。在这里，我们可以参考地球上的高海拔登山者们。喜马拉雅山最高峰的压强大约为海平面气压的 30%，虽然有时候高海拔的登山者们会由于呼吸稀薄的空气而丧命，但这绝对不是由于他们手上的血液沸腾所导致的。

蓝色的窗户

驾驶舱窗户的图片被反复地引用。在一些图片中，它们看起来并不像人们透过它们或者在太空中看到它们的倒影时所期望的那样是黑色的，而是蓝色的。可以说，如果太空舱确实在太空中，这就不可能是真的。如果你透过窗户看向太空，那背景应该是黑色的而不是蓝色的。因此，如果背景是和在地球上一样的蓝色的天空，则证明太空舱从未离开过地球轨道。

在第 4 章中已对蓝色的天空进行了解释，说明了阳光中的蓝色成分是如何比其他波长（颜色）的可见光在大气中散射得更强烈的，这也就解释了为什么天空是蓝色的。散射在阿波罗太空舱窗户上的光也并无不同，就如同地球的大气层，当阳光照射到折射介质（如空气或玻璃）并被这些介质散射时，我们并不会看到黑色的天空或黑色的反射。

（图源：NASA）

阿波罗 7 号的指挥舱窗口。

（图源：NASA）

宇航员巴兹·奥尔德林离开登月舱。

清晰足迹的形成离不开水

　　几乎每个人都知道月球上曾留下过的著名足迹。鞋底的横向凹槽及其形状被清晰地压入月球的尘土中。但是，宇航员们已经证实，月球的尘土跟面粉一样细腻。由于月球上缺水，这个问题就变成了如何在完全干燥的土壤上形成这种轮廓分明的足迹。换句话来说，**月球的土壤是由和面粉一样细腻的尘土所构成的，但是要形成清晰的足迹，只有在尘土潮湿的条件下才能够实现。由于月球上没有水，因此在月球上一定不会形成足迹。**

（图源：NASA）

月球上的足迹。

许多孩子们可能都会同意这个观点，那就是月球当然不是用面粉制成的，但是如果他们相信《超级无敌掌门狗》这部动画的话，那月球更可能是用英国切达奶酪制成的。但是，如果我们认为这部动画并不可信的话，我们就要开始思考月球上尘土的组成结构了。最初，月球上的尘土是由硅酸盐组成的，在无数微型陨石的撞击下被彻底粉碎，因此，它们不像沙砾那样是圆形的，而是形状不规则的微小碎片，表面极其粗糙，无法滑动。在地球上没有类似的东西，把它比作面粉显然是不太合理的。在一定压强下，即使没有水的凝聚力，尘土的颗粒也会粘在一起，凝结成稳定的形状。除了硅酸盐会倾向于形成分子链外，尘土颗粒表面的裂缝也会由于缺乏氧气而不会被氧化，因此会由于风化而变得光滑。它们会一直保持着颗粒的形状，直到陨石撞击的能量或宇航员脚下的压力导致它们再次改变。另外，如果月球上的尘土是带静电的（例如，计算机屏幕上的尘土），即是由太阳持久的电子轰击造成的，甚至不再需要水就可以形成并保留清晰的足迹。

计算机技术

在当今时代，计算机影响了我们生活的方方面面。例如，我在计算机上写这本书的时候，就需要经常在互联网上进行搜索和研究。我的计算机的运行速率是 2000 兆赫兹，因此，我不再需要担心存储空间不足的问题。在 20 世纪 60 年代，计算机还处于起步阶段，而如今，每辆汽车的计算能力和容量都超过了月球飞行器。因此，**想要在太空中执行必要的复杂操作，还使用原始的计算机是不可能的。**

　　大多数人都熟知诸如"操作系统""应用软件""RAM"和"硬盘驱动器"等术语。但是，我们当中有许多年轻人从未听说过机器语言"汇编程序"或环形核心存储器。如果你能够聪明地将计算过程分离开来，明确必要的过程由机载软件来执行，其他一切都由更大的计算机来执行的话，那么即使是使用较旧的软件和硬件，只有 72 千字节的 RAM（一台像样的现代计算机大约是它的 1000 万倍）和大约 100 千赫兹的运行速率（比如今的计算机慢 1 万倍），也仍然可以完成许多工作。除此之外，编程还规定了要优先处理重要的计算（如试图着陆）而不是次要的计算（如更新空调显示）。所有的计算机用户都知道，

（图源：NASA）

阿波罗 14 号飞行期间休斯敦的任务控制中心。

如今对于计算机计算能力的需求降低了。如果你进一步思考，导航一直以来都是依靠六分仪对恒星的测量实现的，那么配有计算机的月球飞行器就不再那么神秘了（在这里指的是第 15 章末尾所列出的电影系列《Moon Machines》中《Navigation》的第三部分）。因此，将如今计算机及其计算能力和计算策略与阿波罗计算机进行比较是目光短浅的。我们只需要考虑一下运行一个现代操作系统，以及编译一种编程语言需要多少的工作量和硬盘空间。如果不考虑其他因素，那么"计算石器时代"的计算机也可以在前往月球的路上执行正确的操作。

有关漫游车的问题

沃纳·冯·布劳恩不仅梦想着登陆月球，还梦想着在月球上建立永久的殖民地。他的一个想法是在首次成功登月后，扩大宇航员在月球表面的探索半径。由于他是登月计划中的重要人物，因此这个想法得到了重视。但是，着陆器不可能访问多个地点，与所有飞行器一样，执行这样的操作所需要的燃料储备会非常重。而且燃油储备极度紧缺的问题也没有得到解决（尼尔·阿姆斯特朗着陆后只剩下不到 30 秒的燃油）。每增加 10 磅（或 4.5 千克）的重量，可用于下降的时间就减少 1 秒。因此，为了完成阿波罗 15 号、阿波罗 16 号和阿波罗 17 号的后三次月球任务，研发了一个所谓的月球漫游车（Lunar Roving Vehicle，LRV），根据要求，它在地球上的重量不能超过 500 磅（约

216 千克），并且要能够适应登月舱的着陆阶段。随着着陆经验的积累，可以弥补额外的质量带来的问题，并相应地缩短着陆的时间，但是漫游车的尺寸是一个关键的问题。**漫游车的长度约为 3.1 米（10.2 英尺），但是在下降段的可用容量只能容纳一半的长度，因此，漫游车无法被安装在着陆器上。**

事实上，这个问题甚至更具有戏剧性。众所周知，在从地球发射时，下降段的着陆腿必须要折叠起来，因此着陆器必须要安装在阿波罗飞船服务舱下的土星火箭中，这种情况下，要容纳一辆三米长、一米高、车轮又宽又突出的车是不可能的。

在这里要指出两点。第一，每位参与人员都应该明白，要让人类顺利登上月球需要一个完善的解决方案；第二，通常可以从问题中来寻求解决方案。对于波音公司和汽车制造商通用汽车公司的工程师来说，这将成为他们解决问题的关键点。从一开始，他们的解决方案就超出了 NASA 要求的重量规格，也超出了漫游车可用的体积规格。

下降段是由一个中间为方形的双十字形框架组成的，并配置了发动机。该方形框架连接到了两侧，以便容纳各种燃油箱，因此它周围的外壁呈八边形。外壁的方形框架之间是三角形结构（被称为象限），它能够容纳大量的支撑和供应系统。通过重组和移动第一象限的一些电子元件，工程师们发现他们可以利用由此产生的三角柱形状的可用空间来放置漫游车，该空间容量大约为 1 立方米（超过 35 立方英尺）。那么，如何将一整辆漫游车塞进这么小的空间里呢？这个解决方案是在登月舱上找到的。如果飞行器的着陆腿可以在土星火箭内折叠起来

（图源：NASA）

在登月舱前长度为 310 厘米（10.17 英尺）的漫游车。

（图源：NASA）

安装折叠起来的漫游车。

运输，那么这个原理同样也可以应用到漫游车上，虽然应用到漫游车上的问题会更加复杂一些。但是不能低估工程师们的发明创造能力——他们的解决方案既简单又令人赞叹。漫游车被巧妙地折叠成一个三角柱的形状，连同一个合适的附属装置，被直接安装在第一象限靠近舷梯的舱里。

（图源：NASA）

阿波罗 16 号登月后的月球舱。

但是漫游车的问题仍然没有得到完全解决，当我们仔细查看图片中的轮胎痕迹时，会发现这确实存在一些问题。漫游车的轨迹表明它曾有过普通车辆无法做到的急转弯。此外，在很多情况下，其中一个后轮胎的第二条痕迹消失了。

这些评论是正确的，但这是另一种做出错误假设的情况。漫游车不是一辆"普通汽车"，而是一种具有特殊用途的飞行器。如果你去了解一下漫游车的规格（在 NASA 官网上可查看），看一下飞行器的所有图片，就会发现一个特别的细节，利用这个细节可以很容易地回答评论家们提出的问题。与普通汽车相比，漫游车的每个轮子都可以独立地转动。

（图源：NASA）

阿波罗 16 号漫游车上的查尔斯·杜克，地面显示出一个急转弯的轮胎痕迹，
而通常的尾随的后轮胎的第二条痕迹消失了。

（图源：NASA）

停放的漫游车，该图片表明漫游车前后轮均可独立控制。

　　在阿波罗 15 号到阿波罗 17 号的登月计划阶段，很明显，与之前的任务相比，此次要调查的是会形成奇景的区域。阿波罗 15 号在哈德利·里尔附近着陆，阿波罗 16 号飞往笛卡尔高地，阿波罗 17 号的目标则是金牛座—利特罗山脉。为了在这些区域中安全地操作飞行器，漫游车必须要能够在地面上进行灵活的操作。可随时启动、独立控制的车轮能够实现这一点。

在这种独立控制的车轮模式下，漫游车的转弯半径最小，且后轮会在前轮的轨迹上行驶。这不仅解释了一些图片中的急转弯痕迹，还解释了后轮痕迹的消失原因，这在后轮不可独立操纵的普通车辆中是不可预见的。

镜头中的幻影

在第 4 章中，我们研究了为什么在月球上拍摄的图片中没有星星，以及为什么在地球轨道上拍摄的图片也是如此。我们使用了"奥卡姆剃刀"原则，在经过合理的分析后，阴谋论者的解释——有人忘记在工作室的天花板上安装灯具，这个解释既不符合逻辑，也难以让人信服。在第 6 章中说明了工作室中额外的灯具不仅对于非平行阴影来说是不必要的，而且由于阴影无重影，因此这并不是一个合理的解释（关键词：泛光灯下的足球比赛）。

但是，对登月持怀疑态度的人们进一步提出了一个有力的证据，那就是摄影棚的图片。阿波罗 11 号编号为 AS11-40-5872 的图片中在图片左上角显示有两盏摄影棚的灯亮着，它们比图片中的其他灯发出的光束都要亮。**据说，这张图片是在无意中发布的，图片中有摄影棚的灯及其发出的光线。**

这样看来，图片中的场景似乎是由几个人造光源照亮的。但是，这里存在两个问题：第一，我们看到的只是一个单一光源投射的影子，但是由于图片中的整个场景都是被照亮的，所以这种情况是不太正常的。图片中没有其他聚光灯留下的阴影，所以毫无疑问，这是由太阳照亮的。这张图片实际上为反驳存在人造灯这一论点提供了证据。然后就产生了这样一个问题，我们实际上看到的是否是人造的前照灯？为了对此进行评估，可以通过放大这幅高分辨率的图片来显示细节。

在一定的放大倍数下，这些灯的外观会显得非同寻常。光线似乎是从它们当中"流出"的，同时它们还具有从红色到黄色再到蓝色的彩色边缘，就像色谱一样。问题在于，前照灯并没有这样的彩色边缘，而且由于宇航员、着陆器，以及其他所有物体都清晰地对准了焦点，因此我们可以排除这张图片是模糊的这种说法。通过进一步地观察，我们可以看到，光线射向了不同的方向，这也表明它们可能是由不同的光源产生的。虽然这个场景并没有笼罩在蓝色的光线当中，但是这些光线却都具有蓝色的阴影。那么，这是怎么回事呢？

出于物理原因，光学镜片会不可避免地在图片上产生不同的误差，因此，简单的玻璃镜头无法捕捉到整个区域的清晰的图片，在图片中会产生所谓的"场曲率"，得到的结果是在图片的边缘或中心会变得模糊。另外，镜头的焦距取决于它们要捕捉的光的波长，因此不能清晰地重现图片的所有颜色。在这种情况下，图片中物体的有色边缘就出现了。为了减小图片中出现的这些误差，相机的镜头是由不同类型的玻璃制成的多个独立镜头组装而成的，以便在拍摄物体时获得更高质量的图片。通过镜头捕捉图片的物理过程为光在介质中的折射。然

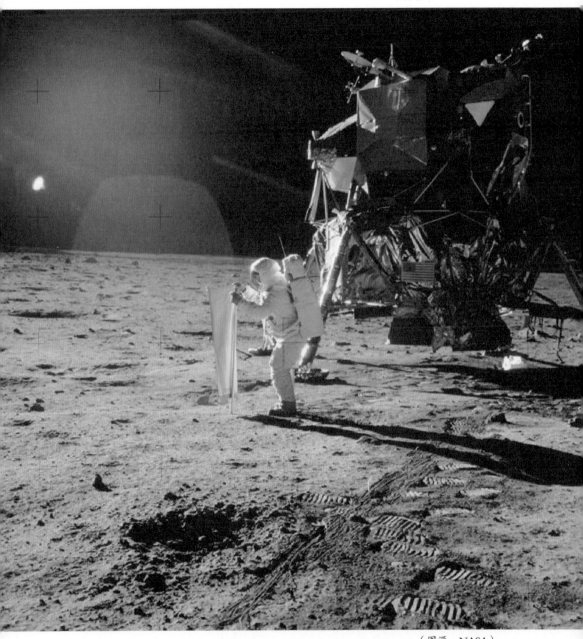

（图源：NASA）

巴兹·奥尔德林搭起帆来捕捉太阳风粒子
（编号：AS11-40-5872）。

而，由于没有绝对完美的镜头，任何相机的镜头都会产生不必要的杂散光，镜头中散射的过程为光的反射。折射，即物体的直接成像过程，控制着光的反射（或散射），由于选定的镜头就是用来实现这一目的的，因此镜头不能被刮花①。但是要注意，随着入射光强度的增加，反射效应或散射效应也会随之增加，甚至还会出现一些不希望出现的可见折射。当我们在户外对着太阳拍照，或者使用广角相机（如在月球上使用的那种）时，就经常会出现这种情况。另外，当太阳不在视野内时，这种情况也会出现，主要是由于光线会在镜头表面散射，造成光线、光环或光圈在图片上扩大，或降低图片的对比度，这样的条纹和图片正是我们在那些月球图片中所看到的。

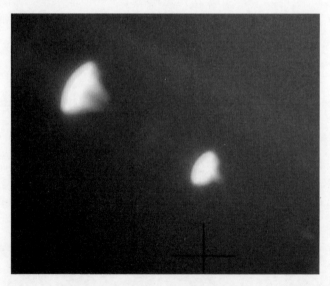

图片 AS11-40-5872 的放大细节。

---

① 如果你戴的眼镜镜片较旧，有划痕，或者没有防反射涂层，你就会对这些反射或散射的光线非常熟悉。

图片 AS11-40-5872 的放大细节。

（图源：K.Vollmann）

带有反射镜头的广角背光拍摄。

屏幕上的幻影

那些像我一样于 1969 年在电视上看过首次登月直播的人们，可能还记得电视上播放的月球上的那些奇怪模糊的以及诡异的视频。宇航员在着陆器、旗帜以及各种仪器的前面走动，但这些物体并没有立即被走到它们前面的宇航员所遮挡，而是在图片中产生了物体的余晖效应。由于人类为登月开发了海量的技术，而且来自指挥舱的图片证明了更高质量的图片是存在的，那么为什么还要给我们播放如此糟糕的视频。因此有些人会得到这样一个结论：**由于 NASA 想要掩盖登月事件是在摄影棚录制的事实，所以我们所观看的直播视频才会如此糟糕。**

每个人都想观看尼尔·阿姆斯特朗从着陆器上爬下舷梯，迈出他在月球表面的第一步的那一刻，这就需要在下降段的一侧安装一台配备超强广角镜头的自动摄影机。起初，在着陆器的上升段只有一个小天线可用来向地球发送视频，它以 2000 ~ 4000 兆赫兹的 S 波段传输（指挥舱中有 4 个这样的装置）。然而，由于阿姆斯特朗当时还没有搭建具有更高传输速率的抛物面天线，使用单一天线的传输速率相对较低。但是如果等到那个时候，地球上的人们将无法观看到电视直播里阿姆斯特朗迈出的登月第一步，因此，当时唯一的选择就是以较低的传输速率来传输视频，从而导致了我们所看到的低质量的视频。

来自休斯敦任务控制中心的电视传输画面。

为了能够将数据以视频的形式传送回地球，必须大大地降低其分辨率。这就使这样的视频数据不太适合直接传输到电视网络上。为了向全世界传输实时视频，他们采用了这样的方法：使用普通的电视摄像机直接对着休斯敦任务控制中心的监控屏幕进行拍摄。然而，这导致了监控屏幕被摄像机镜头反射并反射回监控器，电视摄像机记录了这样的二次反射的影像，从而产生了"重影"的效果。

《火箭人》与华特·迪士尼

在原子弹和第一枚火箭研制成功后，公众开始能够接受这种几近疯狂的技术幻想。他们的思想被行星、恒星、机器人，以及来自太空的各种各样的外星人所占据。在这段时间里，好莱坞制作了一大批科幻电影，商业杂志开始关注太空旅行类的题材。《科利尔杂志》利用了这一局面，与红石导弹的负责人冯·布劳恩合作撰写了一些文章，在这些文章中他表达了对于载人航天飞行的愿景。这些文章中配有一些壮观的图片，取得了巨大的成功。同样获得成功的还有华特·迪士尼，他邀请冯·布劳恩作为 3 部太空旅行题材的电影的技术顾问。这次合作引发了登月阴谋论者的争论：**如果登月火箭的总工程师与最著名的动画师进行了合作，那么他们很有可能在更早的时间就进行过合作，有计划地伪造了登月记录。**

与目前为止所讨论的理论不同，该假设没有任何技术方面的内容，因此我们无法从物理学的角度来反驳它。但无论如何，我都接受登月这个事实，因为它为 20 世纪 50 年代带来了惊喜，揭示了冯·布劳恩是如何说服美国，获得资助并将美国人登月的想法变成现实。

冯·布劳恩在《科利尔杂志》上发表的文章让公众开始关注载人航天飞行，这与他在军队中的工作是不同的。在他的文章发表之前，几乎没有人有过登月的想法。当这些文章发表时，迪士尼正在为位于加州的新的迪士尼主题公园做广告。园区中有 4 个主题，其中一个"明日世界"主题的实施尤为困难，应该在这个主题下展示什么，以及如何进行展示，在当时并没有一个好的想法。此时，冯·布劳恩关于太空旅行的文章，以及自然科学家海因茨·哈伯关于太空医学的文章带来了一些灵感，因此迪士尼的生产商沃德·金博尔聘请了他们，以及冯·布劳恩的同事恩斯特·施图林格，担任园区"明日世界"主题和电影系列《Science Factual》^① 的技术顾问,他们 3 个人也都在电影中出现过。冯·布劳恩、华特·迪士尼,以及沃德·金博尔都明白,公众舆论会受到电视节目的影响,因此这次合作很容易使各方受益。这 3 部电影都值得一看,因为在当时那个时代,这样主题的电影是相当有远见的。例如,斯坦利·库布里克痴迷于在地球轨道上建立空间站并飞向月球的想法,这样的空间站在他的电影《2001:太空漫游》^② 中可以找到。迪士尼在他的电影中解释了工程师们在科学方面所做的工作。这是一次非常愉快的合作,冯·布劳恩提出技术构想,迪士尼的动画师们用动画的方式加以体现,之后不久,科幻电影中的场景成为了现实。

将这次合作视为阴谋论的证据,是对 20 世纪 50 年代人们对太空旅行日益增长的兴趣及冯·布劳恩将自己的梦想付诸行动的目标的忽视。因此,向公众解释复杂的技术主题十分必要(这种需求在今天仍然存在)。如果公众都不知道太空探索是如何运作的,那么又有谁有权利把纳税人的钱花在太空探索上呢?为了避免陷入财务困境,每个专家都要向大众解释他们工作的重要性。科学家和工程师就经常这样做,还不断尝试改善与公众的关系并进行普及教育。即使在今天,航天工程师和科幻小说作家仍然会见面并进行公开讨论,在电视上也经常能看到这类科学节目。那么,是什么让华特·迪士尼和冯·布劳恩

---

① 该系列包括3部电影:《Man in Space》《Man and the Moon》《Mars and Beyond》。这些电影都可以在YouTube中搜索到。

② 在这种情况下,阴谋论者会提到威廉·卡瑞尔的一部获奖电影《登月秘辛》,他们认为这足以证明登月是一个阴谋,他们无视了这部电影的讽刺性,其中充满了半真半假的事实和暗示。这部电影的目的是告诉我们不要盲目地接受所有的断言。

的合作变得如此神秘的呢？迪士尼出售园区门票，而冯·布劳恩则向公众销售他的想法。与今天的电视运作没有什么不同——尽管阴谋论者一直在批判冯·布劳恩的这种做法，但实际上他们自己也是这样做的，因此，把当时的 15 年后的一个阴谋归咎于这次合作是不合理的。这是我作为一名由税收资助的科学家的工作，这也是为什么来自亚利桑那州洛厄尔天文台的著名天文学家维斯托·史利弗加入迪士尼第三部电影《Mars and Beyond》的原因。到目前为止，还没有人批评过我或维斯托·史利弗是天文阴谋者，也没有人说过恒星是不存在的。尽管当时关于未来太空旅行的很多想法都不成熟，但迪士尼的这部电影比许多评论家想象的内容要丰富得多。

电影系列《Science Factual》取得了巨大的成功，其中《Man in Space》获得了 4200 万美元的票房。更有趣的是，在电影上映后不久，艾森豪威尔总统于 1957 年宣布，为了研究地球物理，美国想要向地球轨道发射一颗无人卫星。此时，冯·布劳恩由于是在杂志和电视节目上发表太空旅行的宣传，而不是在期刊上发表学术论文而受到了科学界的批评。然而，为了实现载人航天的梦想，冯·布劳恩不仅要说服科学家，还要说服实业家、政治家，更重要的是要说服公众。因此，他运用了媒体的力量。恩斯特·施图林格这样描述冯·布劳恩的理念："他在各个方面都进行了努力，而且在每个方面的努力都有其意义，这就是他天才的地方。"

（图源：NASA）

华特·迪士尼（左）和沃纳·冯·布朗在马歇尔太空飞行中心。

登月记录在哪里

尽管我在这里做出了解释，但是你并不应该相信所有的问题都可以通过逻辑和专业知识来解释和澄清。毕竟这是人类登上了月球，而不是可靠的机器。在第 1 章中我就曾提到，NASA 显然已经丢失了他们首次登月的原始记录。我仍然认为这是一件丑闻，怎么可以丢失这样一个具有里程碑意义的事件的原始证据呢？这就如同美国政府丢失了原始的《独立宣言》。NASA 目前仍然表示这些记录存放在戈达德太空飞行中心的档案中，但是对于这个档案为什么没有得到充分的记录，并没有给出一个合理的解释。唯一的理由就是，阿波罗任务的存档磁带的优先级较低。然而，还有另外一种更令人担忧的可能，就是这些磁带在 20 世纪 70 年代时就已经录制好了，原始的记录已经被永远销毁了。

我认为，对于《独立宣言》的创作者来说，宣传文件可能比原始文件更为重要。但是我必须承认，对于登月记录的丢失，我理解所有阴谋论者提出的批评，这一点我并不能反驳。

一切都是虚幻的

在我的论证中，我采取了被广泛认可的、自然科学的认识论方法。但是也可以考虑使用其他的论证方法。唯心主义哲学描述了一种最基本的可能性，即一个人的意识是独立的，也就是说，只有你的意识是存在的，而其他人的意识是不存在的。就如同 NASA 丢失的磁带数据一样，从科学的角度来分析，这样的断言是无法反驳的。在好莱坞电影《黑客帝国》中，生动地演绎了我们的世界并不是真实存在的想法，但是这种虚拟现实的概念实际上要古老得多，由于其复杂性，我无法对其进行详细的介绍。波兰著名的科幻小说家斯坦尼斯拉夫·莱姆以一种巧妙智慧的方式实现了这一构想。他在 1961 年出版的小说《星际日记》中描述了一个发明家在架子上放置了一些盒子，每个盒子都模拟了人造意识和整体感知，而它们却无法感知自己正在被控制。莱姆还探讨了当盒子意识到它们存在的真相时会发生什么——它们会疯掉。

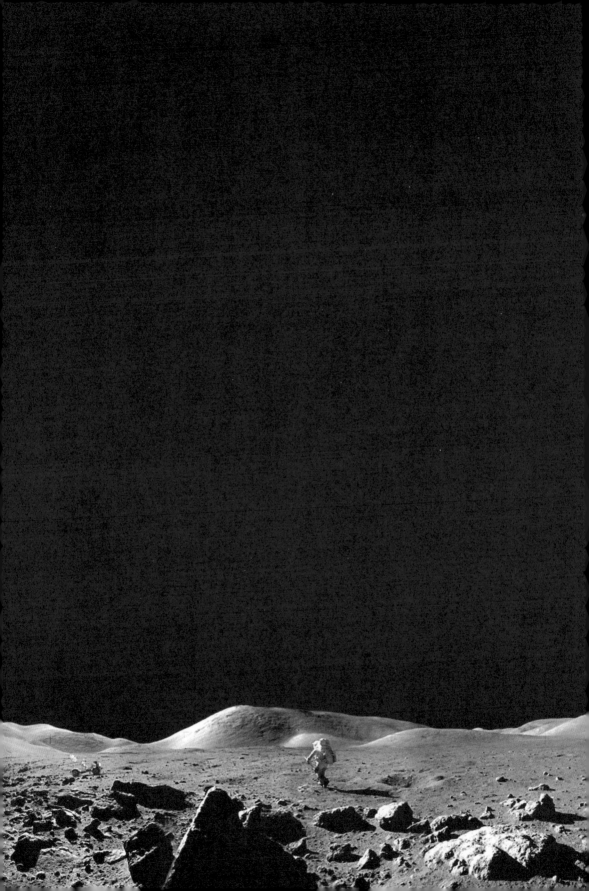

第14章

证据二：岩石、图片和星星

既然我们已经强调了主要论点，那么应该清楚的是，通过我们的日常经验和科学分析都可以反驳那些怀疑登月真实性的证据，但在某些情况下，论证的假设条件就是错误的。我们要相信，即使有些事件是在许多年前在其他行星上发生的，想要证明这些事件是真实发生过的也是有可能的。在第3章中就曾探讨过与证据相关的问题，那么我们至少可以找到一些能够用来支持推理的线索。

测距

月球激光测距实验记录的距离测量值就是一个能够间接证明登月的很好的例子。在这个实验中，麦克唐纳天文台、哈雷卡拉天文台、卡伦天文台和阿帕奇点天文台都以毫米精度测量了地球和月球之间的距离，这个证据简单且可信。通过天文望远镜将一束脉冲激光（具有高度同向性的脉冲激光束）发射到月球上，然后通过反射器将其反射回地球。由于光的速度恒定且已知，所以通过测量激光从地球到月球，再从月球返回的时间，就可以计算地球和月球之间的距离。实验表明，月球每年以3.8厘米的距离远离地球。虽然原理可能很简单，但是要成功完成这个实验必须要先解决两个问题。

第一个问题是必须要在月球表面放置一个高效的反射器。我们可以直接将月球当作反射器，但是由于月球的反射率（反照率）只有

11%，通过如此少的反射光线是难以得到准确测量结果的。另外，由于光线从月球表面反射时，会向各个方向散射，光线会显著减弱，因此想获取精确的数据就变得更加困难了。第二个问题是反射的光线必须要反射回地球并能够被接收到，这样才能测量出地球和月球之间的距离。尽管研究者们已经努力将激光束聚焦到窄光束的宽度，但是它们在射向月球时会被发散、变宽（地球发出的密集激光束在月球上的直径约为 6 千米）。激光束被一个相对较小的反射器反射回来，在返回地球的途中会再次变宽，最后由一个较小的望远镜接收。原始激光束中只有一小部分的光能够返回地球（到达月球的每 10^{17} 个光子中只有一个能够返回地球），因此对于望远镜的最小观测量提出了超高的要求。

在 20 世纪 60 年代初，即登月之前，就已经有了这样的测量方法，但是由于月球反射的光线太少，所以无法进行精准的测量。登月之后，阿波罗反射器成功地用于距离测量，而且在苏联的月球车"月球步行者-1号"和"月球步行者-2号"[①]上也配置了反射器。

有些人说月球上的反射器要与地球完全对齐，这样测距实验才可以顺利进行，然而这是不可能实现的，这样看来，要完成这个实验确实十分困难。但是 NASA 从未打算在月球上放置普通的反射器，他们巧妙地将多个三棱镜形式的反射器捆绑在铝制框架上，其包含多达 300

① "月球步行者-1号"和"月球步行者-2号"任务在西方鲜为人知，但非常成功，它们是在月球上的第一批"漫游者"，并在地球上进行远程控制。还有这样一种说法，20世纪70年代，由于苏联还未开发出成熟的远程控制系统，"月球步行者-1号"和"月球步行者-2号"都是由战略火箭军中的技术军官控制的。

（图源：戈达德太空飞行中心）

戈达德太空飞行中心的激光测距站的激光束正指向月球，在激光成像
下，月球被过度曝光。

个角度的反射器，由德国贺利氏公司所制造。这些三棱镜具有一个很好的特性，即它们可以将入射光反射回与入射方向完全相反的方向，即使它们与入射光并不完全对齐。因此，只要知道反射器的大致位置就可以将足够多的光线反射回地球。

（图源：NASA）

阿波罗 15 号月球激光测距反射器的一部分。

石英玻璃坯料是由贺利氏公司提供的。石英玻璃具有很高的光学均匀性，这种材料的一个优点是对高能辐射不太敏感。另外，普通玻璃会随着时间的推移与这种辐射发生反应，从而导致透明度降低。对于花费巨大的太空任务来说，往往会建立一个高度复杂的管理系统来避免发生使用普通反射器的这种低级的错误。但很明显，如果月球上没有这些精心设计的反射器，就不会有能够进行精确距离测量的反射信号。这些反射器如果不是外星人建造的，那就是一定是由人类或机器人建造的，因为不可能每一个进行距离测量的科学家和相应出版物的评论员都是骗子。

（图源：贺利氏公司）

由贺利氏公司制造的用作月球激光反射器的三棱镜。

月球岩石

　　第二个能够证明登月存在的证据是从月球带回来的岩石①。所有阿波罗任务总共带回了将近 400 千克（882 磅）的月球岩石，其中相当多的岩石其成分与地球上任何物质都不同。这些矿物的新名称为"辉绿岩""安定岩"（以阿波罗 11 号着陆区命名）和"阿姆奥尔柯林岩"（以阿姆斯特朗、奥尔德林和柯林斯命名）。此外，在月球上还发现了天然同位素锝 -237 和铀 -236，它们是由铀 -238 在质子长时间的轰击状态下而形成的，且在地球上都不存在。还有一点，在月球岩石样本上还发现了非常小的撞击坑，这些撞击坑只能由来自太空的微小陨石撞击形成。由于这种微小的陨石在穿过地球大气层时会被分解，因此像这样的撞击坑在地球的环境中是不可能存在的。科学家们至今仍在检测阿波罗任务带回来的土壤样本。2011 年 1 月，在一个登月阴谋论者的一再要求下，一个来自日本和美国的研究小组发表了新的研究结论，明确说明了阿波罗任务带回来的岩石不可能来自地球。他们的研究发现，阿波罗岩石中水分子的"重"氢（氘，与正常氢相比，氘的原子核中有一个额外的中子）比例明显高于地球上的任何水样。这不

---

　　① 有些人说月球岩石直到今天都没有向公众公开，但是这些月球岩石一直在世界各地的博物馆中进行着展览，因此这种说法显然是不可信的。在德国，法兰克福/梅因的森肯堡博物馆、柏林的德国技术博物馆和波恩的Geschhte博物馆中都可以看到这样的展览。

可能是由污染造成的，所以该岩石样本中一定包含月球上的水分子。在彗星中也曾发现过如此高的氚值，由此说明了该岩石样本是来自月球的，也为登月的真实性提供了进一步的证据。如果要反驳这个证据，阴谋论者们还必须要找到有关发现同位素氦-3的解释。同位素氦-3是在太阳中产生并由太阳发射的，但由于地球大气层的阻挡，它无法到达地球表面。由此可见，那些从月球带回的含有氦-3包裹体的岩石一定是来自太空的。另外，目前带回地球的月球岩石总量已经超过了363千克（800磅），这对于无人探测器来说是完全不可能实现的。就拿苏联的无人探测器来说，一共只带回了326克（0.7磅）的月球岩石样本。

（图源：NASA）

阿波罗14号带回的月球岩石。

无线电波和彩色电视

许多人认为，登月任务无法由 NASA 以外的机构证实。这显然是错误的。地球上任何一个拥有合适天线的地面站都能够接收到月球上发射的无线电波。波鸿天文台台长海因茨·卡明斯基就曾因为他的天文台在 1957 年确认接收到了人造卫星的信号而出名。波鸿天文台拥有 20 米口径的卫星天线，能够接收登月信号，甚至将其存档。电视上播放的图片、宇航员与休斯敦地面站的无线电通信，以及所有其他广播的飞行数据至今仍然存放在那里。为了接收无线电信号，抛物面天线必须非常精准地指向月球，即使是极微小的位置偏差也会导致信号消失。单凭这一点就足以证明，NASA 要想从月球上发送信号，就至少需要在月球上建立一个中继站。另外，由于低轨道卫星的移动速度太快，接收信号的天线也必须调整得非常快才能接收到这些信号，所以从地球或从地球轨道发送信号也是不可能的。除非使用地球同步卫星，天线盘才不需要移动，但是由于这种发送信号的方式实现起来过于复杂，因此从其他卫星轨道（比如地球同步轨道）发送信号等的可能性就都被排除了。然而，更重要的是，这些信号从宇航员到地面站的传输大约只需要 1.3 秒，这相当于无线电波从月球传输到地球所需要的时间，这就排除了从地球发出信号，由月球转播，然后在地球接收的可能性（传输时间将是原来的两倍）。因此，在地球上接收到的这些信号只可能来自月球。从阿波罗 15 号宇航员戴夫·斯科特摔倒的视频片段中可以观察到从地球到月球，以及从月球返回的信号延迟。地面指挥中心的工作人员在 17 秒后讲了一些有关"帧编号"的话，我们在 20 秒的时候会从斯科特的麦克风里明显听到低沉的回声。

（图源：加州大学圣地亚哥分校）

戈德斯通深空通信复合体（GDSCC）的 70 米抛物面天线被用于与阿波罗任务通信。

很明显，传输的无线电波是先到达月球，然后又在预期的时间内返回地球的。斯科特的延迟反应与在地球上接收的无线电波同步（在视频中他明确地说了"帧编号"一词），这证明了信号并不是简单地缝合在录音中的，在 28 秒后也出现了同样的情况。波鸿和其他聚焦于月球的地面天线，都只能接收来自月球的信号，而不能接收来自地面控制的信号。

另一个故事来自阿波罗 12 号的电视摄像机。一台由美国西屋公司研制的摄像机把实时彩色影像传回地球，与阿波罗 11 号一样，这台摄像机一开始被安装在下降段的仪器架上，但是为了从月球上传送宇航员活动的视频，艾伦·比恩把它从仪器架移到三脚架上，由于他不小心将摄像机直接对准了太阳，所以损坏了芯片。这就是阿波罗 12 号任务的彩色视频丢失的原因。艾伦·比恩的事故是证明登月事件存在的一个突出的例子。但如果这一切都是在摄影棚中录制的，那么就一定会准备一台备用摄像机，以方便月球图片的拍摄和传播，并且几乎可以肯定的是，录制的所有视频都一定会是彩色的。

以下这两个例子都表明了登月任务的不完美。三名宇航员在阿波罗计划的早期阶段（阿波罗 4 号任务）中遇难身亡，阿波罗 13 号任务的机组人员幸免于难。为什么要伪造这样的事故？这些事故都表明了登月计划的危险性。损坏的摄像机以及望远镜观测不到的登月舱的下降段等，发生的这些错误以及与预期的偏差都间接地证明了登月这个事实。

到目前为止，我所介绍和分析的例子都只阐述了对于登月的主要怀疑。由于这些怀疑都很容易分析，因此便不再进行更详细的讨论。

比如悬挂在天空中的地球（这些图片是在环绕月球的轨道上拍摄的），通过这一点，登月骗局就应该得到充分的澄清。但还有两个尚未解决的问题：用望远镜拍摄的登月设备的图片和天空中无法看到的星星。

（图源：NASA）

阿波罗 12 号任务中的彩色摄像机。

探头图片

2007 年，日本 "月女神" 探测器（Selenological and Engineering Explorer, SELENE）发射升空，这次任务的目的是绘制月球地图，并了解月球表面的地质情况。这次任务由三颗卫星组成，这些卫星能够用机载相机进行三维地表测绘。其中一个绘制地点是阿波罗 15 号的着陆点，探测器为其绘制了一张三维地形图。由于阿波罗 15 号的着陆点在亚平宁山哈德利峡谷，其于 1971 年拍摄的图片为此次"月女神"任务开发三维模型提供了非常好的对比（由于相机分辨率太低，无法直接拍摄登月舱的图片，见第 9 章）。结果显示，阿波罗任务拍摄的图片与"月女神"探测器的探测结果近乎完美地吻合。探测器可以分辨出单个山脊和山峰，以及亚平宁山哈德利峡谷。当然，你现在也可以反对，"月女神"任务的结果也是假的，然而，我们应该谨慎对待这样的论点，因为它从根本上质疑了现代的科学工作。现在，可以说"月女神"任务的三维模型不仅支持了阿波罗图片的真实性，而且这些图片同时也证明了"月女神"任务所用技术的先进性。

（图源：NASA）

阿波罗 15 号着陆点亚平宁山哈德利峡谷。

在第 9 章中已经提到过，遗留在月球上的阿波罗设备并不能用地球望远镜或轨道望远镜观测到。于是又提出这样一个后续问题：为什么不能建造并发射一颗绕月卫星，从离月球表面几千米的高度拍摄着陆区域？答案很简单，就是对于这样一个开销巨大的太空探索项目来说缺乏资金。此外，在负责指导太空项目的人中，几乎没有人认为应该将讨论登月的真实性作为后续任务。他们认为应该将更多的资金投入到其他项目中，而不是给阴谋论者拍几张图片。但在 2009 年，美国发射了月球勘测轨道器（Lunar Reconnaissance Orbiter，LRO）来绘制月球表面的地图，除了各种仪器外，这个月球勘测轨道器上还配有强大的望远镜和摄像机。这可能是以高分辨率拍摄阿波罗着陆区的第一次机会。

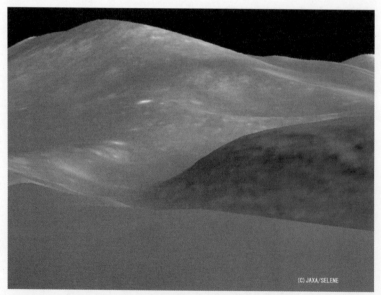

（图源：JAXA/Selene）

"月女神"探测器在阿波罗 15 号着陆点亚平宁山哈德利峡谷拍摄的图片的三维转换。

　　当然，航天机构的公共关系部门可以将这昂贵的空间探索项目的
目标和利益清楚地传达给公众。但是现在，有了月球勘测轨道器，就
有了一个合适的机会，为已被广泛讨论的登月真实性问题找到答案。月
球勘测轨道器拍下了每一次登月任务的着陆地点，拍摄的图片不仅显
示了登月舱的下降段及其影子，还显示了科学仪器甚至宇航员的轨迹。

（图源：NASA/GSFC/ 亚利桑那州立大学）

由月球勘测轨道器（LRO）拍摄的阿波罗 15 号的着陆点，月球激光测距
反射器（Lunar Laser Ranging Retro Reflector，LRRR）也能够被识别。

天上的星星

在第 4 章中曾说明了为什么登月任务的图片中都没有星星。这主要是由于宇航员的任务是拍摄月球上的风景和景观，而不是进行天文观测。由于在本书中已经有许多其他考虑了天文观测和天体力学的证据足以清楚地证明登月事实，因此我便没有再进行实验来彻底解决这个问题。

只有少数专家知道在其中一次航天飞行中其实进行过天文观测，这些结果被广泛分析、评估，之后又被科学界测试多次。即使作为一个资深的天体物理学家，很多年里，我并不知道有这些测量结果。在阿波罗 16 号的登月任务中，曾研制了一台利用紫外线（UV）观测恒星的天文望远镜。此次测量的目的是确定星际介质的组成，以及确定在紫外光的照射下特别明亮的恒星的质量。由于地球的大气层和地球周围的氢气会阻挡紫外光，因此从地球上进行这种测量是不可能的[①]，这也就是为什么这台天文望远镜被设计并用于研究那些特殊波长的原因（在可见光下的测量可以在地球上进行，因此没有必要飞往月球去测量）。这台天文望远镜提供了近 200 张以前从未见过的星系、星云和恒星的图片，这对天体物理学家来说是一个里程碑。仅仅在两年后，

---

① 从专业角度来讲，这是莱曼—阿尔法的日冕辐射。

（图源：NASA）

1971 年宇航员约翰·杨正在使用天文紫外望远镜训练。

阿波罗的数据就被紫外卫星 **TD-1** 证实。另外，在一台专业的天文望远镜被发射到地球轨道之后，阿波罗的数据结果被再一次证实。这些测量显然是在太空进行的，但也有人说这是由一颗环地球卫星所拍摄的图片，但是他们就需要解释为什么在一些图片中会有一个上面带有奇怪条纹、在紫外光中发光的奇怪球体。

（图源：NASA）

1971 年宇航员查尔斯·杜克和天文紫外望远镜。

事实上，这些图片就是登月真实性的证明。我们可以通过星图分析来说明。我们首先要确定哪个星座被描绘出来了（它是摩羯座），然后才能确定其中的恒星。虽然这些恒星的光度与同一个星座在地球上的观测值并不完全一致，但实际上，这些光度的偏差完全符合预期。星图描绘的是人眼可以感知的光，即可见光谱中的光。在可见光中显得暗淡的恒星在紫外光谱中仍然会显得更强：这取决于恒星的温度和某些物理条件（由恒星的分类类型决定）。组成星座的明亮恒星已经被很好地研究和分类了，碰巧的是，摩羯座的所有恒星在阿波罗任务拍摄的图片中都显得非常明亮，这些恒星温度很高，且在紫外光谱中会发出强烈的光。就像前面提到的，这样的结果在以前并不存在，而且不可能凭空捏造出这样开创性的数据。由于这些结果仍然无法在地球上观察到，因此这些数据一定是从太空收集的。

带有奇怪条纹、在紫外光中发光的奇怪球体实际上就是地球，这一点后来通过紫外线成像被多次证实了。如果有人凭空想象出了这些真实存在的结构，并将其用在一张假图片中，那将是一件不可思议的事情。我承认巧合是可能发生的，但即使是巧合也需要一定的概率。

为了阐明这一"巧合"，即使可能性很小，我们仍然可以利用摩羯座和星图来确定图片拍摄的地点和时间。由于地球会相对快速地穿过摩羯座（根据以月球为参照点的轨道力学，它只用了几个小时的时间），因此，我们可以确定拍摄图片的确切时间。阿拉巴马大学的威廉·基尔就是这么做的，他使用了一个现代的、商业化的轨道力学仿真程序，完成了一个任何人都可以复现的实验。从 NASA 的官方网页上，我们可以找到在月球上进行各项工作的时间数据，其中包括使用紫外线望远镜观测摩羯座的地球的数据。由于阿波罗 16 号的着陆点和着陆时间已经确定，所以我们可以在仿真时模拟地球的位置，并将其与天文望远镜所拍摄的相应图片进行对比。正如我们所看到的，不管是在阿波罗 16 号的原始图片中，还是在仿真结果中，地球都正在穿过摩羯座，与各个恒星都有着相同的关系，这就证明了这张图片拍摄的时间和地点与飞行日志中所记录的应该是完全一致的。与星图相比，原始图片中一些恒星发出的光要么更亮，要么已经消失，这可以用星图中可见光亮度的变化和从月球上观测到的"不可见"紫外线来解释。

（图源：NASA）

在摩羯座中的地球的长曝光紫外图片。

从这个例子中我们还可以了解到，只要相应地调整摄影设备，就能够从月球上看到天上的星星。值得注意的是，由于月球上没有大气层对星光的观测造成干扰，因此一些可以在月球上进行的科学研究在地球上是不可能复现的。另外，地球也可以作为一个防止在月球上迷路的"位置指示器"：通过使用简单的星图和观测地球相对于星座的位置，就可以确定大概的时间和在月球上的位置（这正是过去公海导航员在地球上通过月球和星星导航的方式）。如果月球有大气层，那么这个紫外线望远镜提供的数据将是不存在的。由于在月球上获得的数据在科学上是完全可信的，所以根据测量细节，以及后来其他人所做的测试结果，月球上显然既没有大气层，也不可能发生旗帜随风飘扬。

整体来看，距离测量的结果、月球岩石、无线电信号、阿波罗 12 号彩色摄像机损坏的事故、"月女神"任务、月球勘测轨道器的数据，以及阿波罗 16 号的天文测量结果，都是能够证明登月事实的有力证据。约翰·杨在旗帜前的跳跃表明了跳跃是发生在月球的引力场中的，并没有使用慢动作。另外，我们还可以发现旗帜并没有飘扬，所以，在月球表面拍摄的过程中是没有风的。而戴夫·斯科特在之前登月任务中摔倒的视频不仅描绘了无线电信号延迟的正确时间，而且和杨在旗帜前的跳跃一样，都没有使用慢动作。这就是"奥卡姆剃刀"原则：一个解释可以回答多个问题，而这些得到解决的问题，反过来又回答了其他问题。

下面，重申我在第 3 章中的观点：如果这些科学方法不能够被阴谋论者接受，那么我们就永远也找不到更有科学意义的证据了。换言之，如果阴谋论者们还认为上述证据是伪造的，比如距离测量或探测器图片，那么继续讨论登月的真实性是没有意义的。或许唯一的方法就只有让每个阴谋论者亲自前往月球去寻求真相了。

至此，我已经完成了对于登月关键性问题的论述。然而，这些理论、分析和新的矛盾又产生了一些问题，将在第 15 章对此进行更深入的探讨。

第 15 章

我们学到了什么？

登月阴谋论的起源

  登月无疑是一个非同寻常的壮举，它永远地改变了人们对全体人类的看法。不仅所有的新技术都超越了我们最疯狂的设想，还让我们对人类在全球共享社会中的地位有了新的认识。登月宇航员曾表示最让他们印象深刻的经历之一并不是来自他们所观测的目的地，而是来自他们身后的"脆弱"的地球。登月之后，许多宇航员表示，我们探索月球的过程，也是我们了解地球的过程。人们往往认为登月是人类前进的一大步，但他们并不知道，自那以后世界发展得有多快，我们的生活因科技的驱动而变得异常复杂。总而言之，在人们惊奇于所有进步的同时，也会出现许多怀疑者和批判者。我认为持有怀疑态度是很好的品质，它能帮助我们提高思维深度，从而改善生活质量。然而，怀疑论需要投入大量的时间和精力才能够发挥作用。在这个复杂的世界中，单纯地提出怀疑并不能让一个人变得更博学，而且会对这个世界产生毁灭性的影响。有一次，在我的一次关于登月主题的讲座上，一位与会者要求我加快演讲速度，因为他认为我的解释似乎过于宽泛。但如果加快演讲速度，我将无法冷静和深入地分析并解决登月阴谋论者的质疑，也无法很好地呈现我的分析方法。

  在这里，我认为有必要讨论一下登月阴谋论的起源。许多阴谋论者出版了一些关于登月阴谋论的书籍，他们甚至并被视为"专家"。

我详细分析的这些理论目前已经成为流行文化的一部分，从而影响了我们和媒体对世界的看法。拥有英语文学学士学位的美国作家威廉·凯辛曾在 1976 年出版过一本书，书名为《我们从未登上月球：一个价值 3000 万美元的美国骗局》。他在书中表示，当时还不存在登月所需的技术，因此太空航行是根本不可能发生的。他首次提出为什么来自登月图片上的星星消失了，以及为什么图片中影子的长度会如此奇怪，由此他得出结论，这一定是一场精心策划的阴谋。他声称所有的登月记录和证据都存放在名为 "51 区" [①] 的军事禁区内。

于 2005 年去世的威廉·凯辛还写过几本非小说类的书籍，作为 NASA 供应商公司——洛克达因的前技术文档主管，他对美国登月计划了如指掌。他关于登月的书籍不仅在文学界是一个亮点，在公众中也产生了相当大的影响。著名电视台曾对他的理论进行了辩论，同时也让更多的观众了解了他的理论。然而，正如我在书中所表示的那样，我对他的理论持极大的怀疑态度。

不幸的是，威廉·凯辛的理论只经过了少数作家和编辑的检验，从而使他的理论在全世界范围内传播。与此同时，一系列关于登月阴谋论的书籍、网站和相关文章相继出版。大多数作者延续了威廉·凯辛的理论，但他们并没有对这些理论的真实性进行任何研究，同时还加入了一些自己没有根据的见解。其中一种说法是这样的：许多被任命为秘密使者的宇航员被美国宇航局杀害，在好莱坞出品的电影《摩

[①] 作为内利斯空军基地一部分的内华达州的 "51区"，它本身就是各种阴谋论的主题。

羯星一号》[①]中，曾以一种令人兴奋的方式演绎了这个说法。不断地重复一个理论并不能增加其真实性，只有经过全面的分析才能做到这一点。然而，即使只是使用"登月"这个词进行搜索，单纯的重复就足以影响互联网搜索的结果，会让阴谋论网站排在反驳阴谋论网站之前。显然，这个话题已经渗透到了公众的生活中，以至于其意义几乎与登月任务相当。

（图源：NASA）

阿波罗 17 号登月途中看到的地球。

① 有人可能会问，为什么威廉·凯辛在他的"揭露"近30年后，也就是2005年才以83岁的高龄自然死亡。

阴谋论与驳斥阴谋论

我认为这些阴谋论在一个开放和科学的讨论中应该被视为合理的挑战。如果它们不只是出于娱乐目的，那么批判性地对它们进行研究应该能让我们更深入地理解这个主题。如果一个理论遭到反驳，那么理论的提出者不应该简单地放弃它，盲目地转向下一个理论，而应该批判性地评估他们提出的"证据"和他们提出证据时所使用的方法。这种自我评价的方法一直是在科学发展史上一种常用的方法，特别是对 18 世纪的科学启蒙时代做出了贡献。提出和传播理论比分析和评估理论的内容要容易得多，当需要专业能力和技术来彻底评估理论时，这一点就显得尤为重要。

我们可以在第 13 章提到的拉尔夫·雷内的"发现"中了解到忽视科学的方法、历史和成功案例的原因。除了关于宇航员手套灵巧性的错误说法外，他还质疑了牛顿和爱因斯坦万有引力理论、阿基米德浮力原理和库仑静电定律的有效性。他还相信太阳系并不是靠引力，而是靠静电力维系在一起的。他表示自己的研究没有发表在任何著名的期刊上，从而指责现有的科学压制了他的观点。这个指责是合理的，但是任何科学研究，例如激光测距的结果和月球岩石的地质发现，都要经过行业严格的审查程序，即由外部科学家进行科学的交叉审查。这种审查程序必然有一些缺点，应该经常进行复查。然而，自实施以来，这种审查程序为我们的技术进步做出了巨大贡献。科学知识总是与迄今为止所获得的其他知识相联系，即使旧的知识已经过时。哲学家伯恩哈德·冯·沙特尔在 1120 年首次表示："……我们本来就是坐在巨人肩膀上的矮人，为了能看到更远的距离，这当然不是依靠我们自己敏锐的视力或体型，而是由巨人将我们托起。"他不仅表达了他对古代学者的敬仰，而且认识到他们在科学发展史上的重要意义。爱因斯坦曾表示自己的相对论只是牛顿万有引力理论的"修正"，而牛顿也认为自己只是一个"站在巨人肩膀上的矮人"①。但于 2008 年去世的拉尔夫·勒内则一直否认自己对过去科学的依赖。当被问及他的教育时，他总是说自己是自学成才的，并会隐讳地强调他的知识并非来自古代学者的历史真理。

据说，阿波罗宇航员对于阴谋论者的指控有三种反应。在 20 世纪 90 年代，吉姆·洛弗尔（阿波罗 8 号和阿波罗 13 号的宇航员）曾说，他认为威廉·凯辛的理论十分"古怪"，随后，威廉·凯辛据此对吉姆·洛弗尔提起了诽谤诉讼，不过该案在法庭上就被驳回了。美国电影制作人巴特·西布雷则更为过分，他不允许有任何关于其行径的言论批评。当他要求尼尔·阿姆斯特朗（阿波罗 11 号的宇航员）在圣经上发誓他曾到过月球时，阿姆斯特朗非常明确地拒绝了，并说他的圣经可能是假的（西布雷敷衍地回答说圣经是真的）。到目前为止，最著名的反应来自巴兹·奥尔德林（阿波罗 11 号的宇航员），在 2002 年，西布雷也要求他在圣经上发誓，当他拒绝时，西布雷出人意料地对他进行侮辱，称他是懦夫、骗子和小偷，西布雷显然没有意识到自己可

---

① 来自牛顿写给罗伯特·胡克的信（1676年2月5日）。

能会因此卷入到诽谤诉讼中。另外，奥尔德林撰写的博士论文是关于轨道交会机动性的，我认为此时此刻他正在讲授牛顿的"作用与反作用"原理。72 岁的他用一个有力的右拳猛击西布雷的脸，这在媒体上引起了不小的轰动，关于这一事件的视频在当时很快就闻名于世。

对于人们对登月的怀疑，NASA 并没有做出任何反驳。他们认为任何持有阴谋论观点的人都有举证的责任。但阴谋论者并没有从逻辑上去证实他们的怀疑，而是认为 NASA 隐瞒了某些实情。还有一些未经证实的说法：在阿波罗计划之后，NASA 就突然丢失了土星火箭的图纸，而且月球岩石并不是真实的。

恩斯特·斯图林格是美国月球计划发展的关键人物之一，他曾说过："相信之路是短暂而容易的，理解之路是漫长而艰难的。"他指的是在一个日益复杂的世界里，要理解任何事情都需要教育和毅力。容易分心是人的天性，仅仅是不让自己沉迷于娱乐活动中就会让人筋疲力尽。我必须承认，我是电视连续剧《星际迷航：企业号》的粉丝，尽管里面有很多无意义的对话，但这并不会影响我对它的喜爱。然而，当娱乐活动引起混乱和不确定性时，它就会对你的生活质量产生负面影响。早在 1784 年，伊曼纽尔·康德就曾写道："启蒙让人类摆脱自我造成的不成熟。不成熟的表现就是一个人无法在没有他人指导的情况下理解事物。这种不成熟是自己造成的，它的原因不是缺乏理性，而是缺乏在没有他人指导的情况下实现自我帮助的决心和勇气。勇于认识！有勇气为自己的心灵服务！这就是启蒙运动的座右铭。"

尼尔·波斯曼在 1985 年出版的关于社会媒体的《娱乐至死：演艺

圈时代的公共话语》一书中准确地描述了这个问题。他推测我们正在从一个以内容为导向的社会走向一个以娱乐为导向的社会，在这个社会中，对所传达内容的反思将被阻碍。一个稳定的社会取决于人们辨别信息的能力，他警告人们不要被动、不加批判地去消费媒体，这有可能使社会走上极权主义的道路，正如奥尔德斯·赫胥黎在他的《勇敢的新世界》一书中所设想的那样，人们并不像奥威尔在 1984 年那样受到政府的压制，而是受到娱乐消费的压制。波斯曼的担忧并非没有根据，康德就这个问题也曾发表言论："懒惰和怯懦是大部分人长期听命于他人的原因，在他们的一生中保持着幸福的不成熟；而这些正是他们很容易被控制的原因，无知就是幸福。"

尽管如此，阴谋论（登月事件只是众多阴谋论中的一个例子）目前正经历一波热潮。它们被一次又一次地传播和分享，从而导致谎言变得越来越丰富。我看到各地都有类似波斯曼描述的被动消费行为。就像广告一样，如果一直重复同样的事情，人们就会相信这件事情。但阴谋论者的动机尚不清楚，如果只是为了通过这些理论来获得经济利益，那也不算是犯罪。然而，阴谋论者通常会断然否定这一点，并向世界宣称自己才是真理的承载者。如果是这样的话，也就暴露了分析教育的严重缺乏。我们可以肯定的是，这种说法传播了对世界历史的一种解读，相比于这种解读明确的理论，它所造成的不确定性往往要更大。不管是"外星人利用吉萨金字塔作为着陆信号"，还是"2001年 9 月 11 日发生在美国的恐怖袭击是政府阴谋的一部分"，这两种说法没有本质区别。

肯特郡大学的心理学家迈克尔·伍德、凯伦·道格斯和罗比·萨顿一直在调查人们相信阴谋论的原因。在一项对心理学学生的调查中，他们发现有些人甚至认为相互排斥的两种观点同时都是可信的，这是一个非常奇怪的调查结果。有些人相信戴安娜王妃伪造了自己的死亡，这与怀疑她被谋杀的观点有很大关系。我们可以得出结论，阴谋论的内容并不重要。更确切地说，一个人的信念只需要与他个人的世界观或已有的观念相符合，我们称之为"偏见"。哲学家和社会学家西奥多·阿多诺研究了那些持有相互矛盾的反犹太主义信仰的人的相似之处，结果显示，具有特定意识形态的人倾向于相信阴谋论。

天体物理学家哈拉德·莱施对这个问题有这样的看法："我们知道……由于事情变得太复杂了，所以我们难以理解正常生活的方方面面。我们每个人最终都倾向于依赖和信任他人……在认可登月阴谋论的背后，是一种根深蒂固的不信任的世界观。人们相信他们自己做的事情，别人也会去做。"

美国恐怖袭击事件阴谋论

有一个观点，它可能是近几年来最大的阴谋论，即"2001 年 9 月 11 日发生在美国的恐怖袭击事件是假的"。我不想对这个阴谋论进行太多的细节分析，但通过一些研究和简单的逻辑推理，阴谋论者剖析出一个论点。这个论点是：**据称坠入五角大楼的飞机没有留下任何残骸。对双子塔和五角大楼的袭击实际上是由政府特工为破坏社会稳定而实施的。**

那么飞机去哪了？它消失了吗？尽管五角大楼的墙壁是用砖砌成的，但外墙是用钢梁加固的，大楼内部还有很多的钢柱。这架飞机以近 4000 多辆大众甲壳虫汽车的动能以最高速度撞向大楼，毫无疑问会撞破五角大楼的围墙。而由于飞机的一部分是用软铝制成的，所以它很容易被钢梁撕碎（可以在双子塔坍塌的视频中看到这一点）。飞机一冲进大楼，燃料就爆炸了。

几乎所有飞机在撞击前都只飞行了一段时间，但是油箱里仍然装着约 40 吨的喷气燃料，同时每架飞机都比较重，重量约为 120 吨。另外，每架飞机在撞击时的速度都接近 700 千米 / 小时（435 英里 / 小时）。借助如此大的重量和速度，以及燃油中的能量，只利用一些高中物理知识，你就可以计算出飞行中的飞机燃料的化学能是满油飞机动能的750 倍。这并不奇怪，因为燃料中储存了大量的能量，以保证飞机能够在空中飞行数小时。飞机燃料的能量相当于 350 吨 TNT 炸药的能量，五角大楼里发生的爆炸相当于一枚小型核弹的能量。因此，一架主要由软铝制成的飞机被完全摧毁，从而凭空消失，也并不奇怪。但实际上，并不是所有的飞机部件（如发动机涡轮、起落架部件等）都会被完全摧毁，其中一些在后来被发现，我们可以在互联网上找到袭击后飞机留在街道上的起落架和引擎残骸的图片。这些事实都解释了飞机是如何以动能穿透建筑物，然后利用飞机燃料的化学能在建筑物内部造成巨大破坏的。这只是一个为了驳斥阴谋论者的论点进行的简单分析。

因此，对于美国袭击事件的虚假指控是没有意义的，这些都是令人鄙夷的犯罪行为，但它们并不应该导致战争。这次袭击事件本应促使更多国家遵守《蒙特利尔公约》，并统一国际航空运输的规则。我认为针对这个事件更需要讨论的问题是，为什么有些人会制造和传播阴谋论，以及他们虚假指控的目的是什么。

有这样一个被广为流传的主张："尤里·加加林的太空飞行也是伪造的，美国依靠苏联的保密，在 8 年后才得以伪造自己的登月计划。"

如果这个理论是真的，那世界上还有哪个政府可信吗？但是从科学的角度却难以解释这个巨大且畸形的理论。有人可能会问，"冷战"到底是真实发生的，还是只是两个超级大国之间的一个诡计，几千枚足以使人类毁灭几次的核武器只有双方达成协议的情况下才被允许制造出来。作为一个经历过冷战，并曾亲眼目睹的人，我认为有这样的想法是草率的。他们忽视了几百万士兵在全副武装的条件下随时准备攻击对方的紧急情形，并且双方都使用了极具破坏力的武器。为了让年轻的读者更好地去了解当时的情况，我建议他们去了解一下朝鲜和韩国的边界问题。

历史表明，太空飞行通常被视为对不同政治体系优势的宣传，以及被用来展示致命武器技术的能力。苏联和美国一样，也研制了登月火箭。N1 火箭的大小与美国土星五号火箭的大小相近，起飞质量也差不多，但推进力增加了大约 30%。人们对 N1 火箭的了解直到苏联解体都知之甚少。苏联解体后，公众才知道在 1969—1972 年，苏联 4 次用 N1 火箭发射无人太空舱都失败了。苏联人在争夺"月球杯"的竞赛中做出了非常多的努力，而美国的工程师们也不能坐以待毙。现在我们知道了苏联失败的原因在于使用了复杂的发动机技术，然而造成技术如此复杂的原因是，两个苏联工程师团队在如何研制发动机的问题上存在分歧，相互竞争，从而无法完成知识共享和合作。所以如果苏联使用一个能够协调一致，而不是相互保密的研发团队来研发 N1 火箭的发动机，那么第一次登月的竞赛结果会如何，这是一个很有趣的问题。因此关于美苏"保密协议"的想法是完全荒谬的，东欧国家（此处特指苏联）怎么可能会容忍在与美国争夺技术和政治威望的竞争中失败。

历史永远不能脱离背景，登月竞赛只有在当时的政治背景下才能够被理解，除此外还包括古巴导弹危机、柏林墙的修建和美国的越南战争等重大事件。如果你要提出美苏之间的阴谋论，就必须考虑到这些历史事件之间的联系，但对有些人来说，我现在的这些解释也是阴谋论的一部分，那么自从我开始学习物理学以来，我就已经成为这个伟大的世界性谎言的参与者了。由于我受过良好的训练，所以我可以把这个错误的、基于物理学的论点提供给读者，从而让他们相信谎言。由于这些指控已经侵犯了我的人格与尊严，所以我将不再对它们做出任何回应。这是对这个世界及全体人类毫无信任的表现，因此文明本身也被否定了。

我可以忍受这些指控，因为我根本不会与攻击我人格的人打交道。只要媒体代表不为了销售量和收视率而传播这些不正确的主张，逃避他们作为"政府第四部门"的责任（行政，立法和司法部门之后的第四部门），那么这些恶意指控通常不是问题。但正是由于媒体会围绕类似美国"反恐战争"这样的事件做出一些不切实际的报道，才会威胁美国在欧洲树立的地位。这正是尼尔·波斯特曼警示我们的，宇航员巴斯·奥尔德林也曾对此表示："我认为那些为了自己的利益而故意误导年轻人，也就是未来决策者的人，应该为自己的行为负责。"

（图源：MNCN–CSIS，西班牙）

阿尔塔米拉洞穴壁画。

对历史事件的怀疑今后还会继续，这在保持批判性思维的层面上是好的，批判性思维会加强社会对言论的洞察力。然而，批判性思维必须建立在良好的研究、逻辑和常识的基础之上。由于世界如同一片"森林"，充满了复杂性和未知性，人们总是想方设法走出这片未知的"森林"，从而找回方向。那些已出版的、内容荒谬的书籍，不管是关于百慕大三角还是外星人抵达秘鲁，它们都迎合了人们"幕后观望"的欲望，因此总会以某种方式获得经济利益。不管怎样，我们都要敢于直面矛盾，敢于说不。但我们应该在对某个理论足够深入理解的条件下培养怀疑态度，而不是对所有理论都保持怀疑态度。

逻辑性和精神性的矛盾

登月阴谋论的成功是不可否认的。那么，是什么让人们相信这一离谱的理论呢？为什么人们不相信科学的解释和研究，而去相信一个没有依据的理论呢？我已经讨论过被动跟风和主动质疑媒体的区别，但这都不是唯一的解释。有些人在生活中深思熟虑，不让自己做出被动的决定或让步，我也是在这些人的激励下一直致力于寻找这些问题的答案。我相信，登月阴谋论的肥沃土壤，是由知识主导的现代世界造就的。人类历史上充满了信仰和神话，它们给了我们生活的方向和目标。相反，如果世界上的一切都存在合理的解释，那么这种神话的存在就受到了威胁。在我看来，人们往往会抗拒逻辑性而倾向于精神性，但这并不是说我在看日落时会想象太阳是一个巨大的聚变反应堆，我也能在自然界中发现美丽和奇迹，正是这使我们区别于动物。从这个角度讲，无视信仰和现代神话也是不正确的。如鬼魂的存在或外星人登陆地球，纯属无稽之谈。人们对于神话故事的渴望和对未知事物的理解可以追溯到冰河时代智人绘制的第一幅洞穴壁画，直到今天仍然刻印于我们心中。

当神话或信仰被认为是科学有效的时，一个关键的问题就出现了。

宗教从来没有声称灵魂可以用科学来解释或量化，与那些从未表示精神性可以用科学来解释和量化的宗教不同的是，一些现代宗教的代表试图用科学来佐证他们的观点。自然科学不能"证明"灵魂或信仰的任何方面，同样，自然科学的推理和演绎也不能用来反驳它们，例如，我并不能从科学的角度阐述我的信仰。这位叫威廉·奥卡姆的修士就深知这一点，他在理性观察周围世界的同时保持着自己的信仰，就像梵蒂冈的牧师们继续在现代天体物理学领域工作一样。如果你不相信登月计划那也没有问题，但是你最好不要试图用分析的方法来验证这个想法，因为在这种情况下，分析和推论往往会让你得到结论性的答案。

即使阴谋论者往往都相信登月是一个阴谋 [①]，但这并不意味着他们大多数人都是对的，真相是不能通过投票来决定的。由于阴谋论的说法都未经过证实，所以现在是时候用这些说法来反驳阴谋论了。我们要求他们提供证据来证明他们的理论并未用于获取济利益，还要求他们证明他们确实相信自己的理论。尼尔·阿姆斯特朗曾反驳巴特·西伯雷，他说西伯雷让他发誓的圣经可能是伪造的。NASA 轨道机动专家和科学记者吉姆·奥伯格引用了康德对启蒙运动发表的评论，将登月阴谋论者描述为"文化破坏者"。我认为我们不应该让那些不重视或不尊重科学的人给我们的思想、文化和科学成就蒙上阴影。

有趣的是，人们往往会忽略了现代启蒙与技术进步之间的矛盾，以及逻辑性与精神性之间的矛盾。我们可以在网上同时找到几部关于登月任务的优秀纪录片，其中有关于登月的技术、科学和文化方面的

---

① 这种断言完全是捏造的。根据调查，只有大约5%的美国人不相信登月事实。

细节描述。我在这里提到它们是为了激励你更深入地研究其他信息的来源，因为这些纪录片比你能找到的其他所有信息的来源都要严谨，而且这些信息也很容易在互联网上找到。这些优秀的纪录片反映了登月这一非凡事业的技术、创意和人性，它们至少可以让你了解到现代太空任务的一些幕后工作，无论是载人航天任务还是无人航天任务。不管我们是否亲眼目睹了登月的发生，当登月的挑战、发展和成功以生动的声音和色彩再现时，都会让我们不禁赞叹。这些纪录片，类似于我们祖先的洞穴壁画，将被视为对人类故事的永恒记载。

艾尔·莱因哈德（1989）的《为了全人类》是一部关于阿波罗飞行的，能够让人们深入沉思、近乎催眠的纪录片，著名作曲家布莱恩·埃诺创作的乐谱为激发这种感觉起了重要作用。这部电影几乎全部由宇航员录制的视频组成，他们是该纪录片的叙述者。在他们的叙述下，为我们留下了第一印象和体验。

大卫·辛顿（2007）的获奖影片《月之阴影》在圣丹斯电影节首映，这部电影不仅揭示了美国登月计划的技术，还让宇航员提供自己的观点和评论。宇航员的叙述给这部电影带来了非常个性化的观感，他们的经历可以帮助我们为未来太空探索做好准备。

尼克·戴维和克里斯托弗·赖利（2008）的《登月机器》是由探索通信公司（Discovery Communications）制作的六集电视连续剧，是"太空周"的一部分。这部电视连续剧由科学频道（Science Channel）播出，它回顾了飞往月球所必需的技术难点和发展历程，记录了约40万人参与设计和制造新型载人飞船和相关设备的八年时光。《登月机器》

系列的主题包括土星五号、指挥舱、导航舱、登月舱、太空服和漫游车。

这三部电影都提及并回答了登月阴谋论者的一系列质疑，并直接予以驳斥。影片还展示了阴谋论者和他们未经证实的依据是如何否定登月工程师的智慧结晶的，而这些工程师的谦虚和睿智却从未被宣传和报道过，这非常明确地显示了工程师和阴谋论者在心态上的差异。

最后，我们可以发现，我们其实是可以保护自己不受虚假言论的困扰的。在媒体大量不实信息的报道下，反驳和保护是迫切被需要的，即使这确实需要耗费一些时间和精力。在任何情况下，主观臆测和无根据的来源都不足以审查和评估历史事件与技术发展。相反，逻辑和常识有助于我们理解日常生活中的复杂的问题，广泛而分散的信息能够保护我们不被欺骗，不被谎言蒙蔽，这种方法在我们生活的方方面面都存在意义。飞往月球的宇航员们都很清楚这一点，以下是他们的一些言论。

- "如果两个美国人拥有一个重大的秘密，他们中至少有一个人会直接向媒体披露，我们无法相信成千上万的美国人都能守口如瓶。"（迈克尔·柯林斯—阿波罗 11 号任务）

- "我们曾 9 次抵达月球。如果这是假的，那我们为什么要伪造 9 次呢?"[①]（查尔斯·杜克—阿波罗 16 号任务）

- "真相无须辩解。我的足迹在月球上，没有人能让足迹消失。"（尤金·塞尔南—阿波罗 17 号任务）

---

① 编者注：美国目前成功登月6次，但本书原文为9次。

（图源：NASA）

第 16 章

科技、金钱与重返月球

月球的吸引力

月球对于人类来说仍然具有极大的吸引力。它对我们的生活（睡眠、潮汐）有明显的影响，许多人都与它有情感上的联系。谁不喜欢晚上抬头看看月亮呢？在所有关于登月真实性的讨论之后，我不断被问道，人类是否会再次访问月球。随着登月任务的非凡成功，许多人会问，为什么美国人不再登月？为什么苏联人完全放弃登月？毕竟，它是前往太空的第一站，是所有潜在的太空探险者永远的目标。由于我本人正在帮助制定德国的太空计划，因此有人问我，在可预见的未来，我们是否会重返月球。鉴于技术的快速发展，这个问题并不容易回答。30年前，谁能预测到互联网的影响？尽管如此，还是有一些迹象可以让我们推测太空飞行的未来发展趋势。对必要的技术进行公正的评估，以及对预期工作和成本的现实考虑，可以成为这一讨论的有效方式。

首先，我们必须要承认，20世纪50年代和60年代的特殊历史背景是太空飞行蓬勃发展的必要条件。但在今天，如第2章所述，其中的许多条件已不再有效。战后时期和"冷战"已经结束。当今世界基本上是围绕着经济状况而发展的，而两种经济体系的对立已经让位于冷静和以成本为导向的规划[1]。只有政治体制和公开展示权力与以前相

---

[1] 2011年10月21日，俄罗斯联盟号火箭首次从法属圭亚那库鲁的赤道欧洲发射场发射，目的是提高运载能力，从而减少运输两颗导航卫星的费用。在登月时期，允许"敌方"在自己的领地上发射火箭是完全不可想象的。

比几乎没有改变。无论是月球还是火星，几乎每一位美国总统都宣布过宏伟的太空探索新计划。不幸的是，仅凭政治意愿不足以启动新的太空项目，这需要财政和技术的支持。

登月的技术因素

早在马车时代，受人尊敬的医生们认为，如果一个人以 50 千米 / 小时的速度行驶，他的肺会被气流充胀，一张嘴肺就会破裂。这个假设在 19 世纪初被证明是错误的，当第一辆蒸汽机被开发出来，其速度可以达到令人难以置信的 60 千米 / 小时。戴着烟囱帽的列车员被认为是蔑视死亡的英雄，这并不是一个奇怪的比喻，因为蒸汽锅炉时常爆炸。今天你可能会嘲笑这些恐惧，但你必须记住，当时的人们完全不知道人体会对这样的速度做出何种反应。每一项技术的进步都是向未知领域迈进的一步。我们没有预测未来的水晶球，只有对新事态发展后发生的事情的理性观察。考虑到这一点，我永远不会声称自己知道未来技术进步的极限。我们的世界不断地通过技术进行变革，目前正在经历在新的令人兴奋的科学领域的巨大的繁荣。微型化的半导体、纳米技术、材料研究和基因工程等这些都是公司为了赚更多的钱和促进繁荣而大量投资的领域。仅信息技术给世界带来的变革，可能只能与 500 多年前印刷术带来的变革相提并论。

航空航天领域就是一个很好的例子。想象一下，两个姓赖特的印

1903 年 12 月 17 日，赖特兄弟在美国北卡罗来纳州的基蒂霍克进行了第一次动力飞行。

刷工，用木头和织物制造了一个摇摇欲坠的飞行器，飞行了几米。70
年后，人类登上了月球。历史上有许多定性的步骤都包含在这句话的
范围内，如金属飞行器、喷气式发动机、航空导航、特种材料、流体
力学等的发展。

登月的经济因素

在航空领域，每一项发展都是由军事或经济利益驱动的。如果没
有航空运输，许多价值数十亿美元的产业就无法生存。然而，在载人
航天领域，私营企业的市场资本被局限于只有百万富翁才能享受的奇
特而昂贵的旅游，如飞往国际空间站或乘坐失重飞机进行抛物线飞行。
很难看到对经济有任何直接的好处。无人航天领域的情况则有所不同，
特别是在电信和导航领域。公司设计和开发通信卫星以销售数据传输
能力。而美国全球定位系统（GPS）等导航系统所创造的市场，不仅
延伸到汽车导航系统，还延伸到农业收割机的控制和货运交通的智能
规划。在这种情况下，政府的举措已经被证明是一项伟大的投资。

尽管过去的投资已经产生了非凡的收益，但高昂的前期成本和不
太明确的投资回报仍然是资助新太空项目的主要问题。考虑到通货膨
胀的因素，目前登月计划的成本大约需要 1200 亿美元。鉴于最近的金
融危机及为克服这些危机所做的努力，这么大的开支实际上并不像它
们曾经看起来那样的荒谬。然而，为太空项目筹集如此巨额资金的问

题却在别处。必须考虑以下几点：新的月球任务不仅仅是重复阿波罗登月计划，但至少应该包括在月球上建立一个永久的载人空间站。当然，这需要新技术的发展。但是，如果你考虑的是比较复杂的项目，而这些项目所需的新技术还没有被发明出来，那么实际成本永远不会与预测成本相同。想想航天飞机的开发成本，特别是国际空间站（ISS）的开发成本。很有可能之前提到的对新探月任务的价格估算仍过于乐观。如果加上月球返回任务的相应成本预测因素，那么成本估算肯定会在一个完全不同的数量级，而不仅仅是 1200 亿美元。现在，有人可能会反对说，通过国际伙伴关系，这些成本可以分摊到几个国家，但这不会是一个决定性因素。更有趣的问题是，考虑到财政赤字和由此引发的经济危机，航天大国是否愿意并有能力为这项事业筹集资金，且这项事业的必要性受到了公众质疑，甚至在部分科学界遭到拒绝。美国科学界一致警告，不要以牺牲科学和更廉价的研究任务为代价进行载人航天。德国物理学会早在 1990 年的一份官方备忘录中，就在各个方面拒绝了对载人航天的追求。专注于无人飞行任务并不会产生有害的影响，也不会带来经常困扰载人飞行任务的相同威胁（即不可预见的成本）。例如，德国之所以在地球观测方面处于世界领先地位，并不是因为它拥有更高的技术和科学能力，而是因为它的财政优先事项。

在选择国家的优先事项时，最好仔细检查那些为昂贵项目实施辩护的人是否直接从他们的融资中受益。更好的做法是，在决策时咨询来自不同领域的专家（例如，整个科学界），而不是让单个科学家或公司来管理纳税人资助的任务。人类的太空飞行是非常昂贵的，而且它的科学成果已被证明是有限的。许多人由此得出的结论是，国家必

赫尔墨斯航天飞机的艺术表现。

须提供更多的资金，才能实现这一目标。显然这已经意味着支持载人航天探索的决定，因此，任何支持载人航天探索的人都已经表明自己没有资格做出公正的决定。欧洲航天局（欧空局）的所有成员国及美国不断为增加的国家债务而挣扎，这意味着今后为新的航天项目提供资金仍将是一个挑战。

再一次回顾一下：当阿波罗计划结束时，根本不可能使一个拥有约40万工人的整个产业突然停止。经济后果将是毁灭性的。相反，他们试图缓慢地减少航天工业劳动力的数量。通常情况下，公司会决定解雇那些已经工作了很长时间的员工。虽然这听起来对年轻一代来说合情合理，但它导致最有经验的工程师被解雇，失败的次数急剧增加。

在极其昂贵的登月飞行之后，美国宇航局知道任务成本必须大幅降低（美国必须同时为越南战争买单），因此，20世纪50年代末期X-15项目中的航天飞机技术得以复兴。按照最初的计划，一架可重复使用的货物滑翔机将把轨道飞行器运送到高空，然后它可以从那里被发射到轨道上，而不是在轨道飞行器外部使用一次性推进剂罐和一次性固体火箭助推器。但是，完全可重复使用的航天器—滑翔机组合的概念过于昂贵，美国宇航局不得不改用更经济的组合，不再使用货物滑翔机。美国人的成果是航天飞机，它很容易被宣传为一个辉煌的技术奇迹。如挑战者号和哥伦比亚号这两架轨道飞行器在两场不同的灾难中失事，正是因为没有一个完全可重复使用的航天飞机。欧洲人最初也像美国人一样对航天飞机技术持乐观态度，他们设计了赫尔墨斯航天飞机和阿丽亚娜五号重型运载火箭来支持滑翔机技术。由于冷战期间缺乏信息交流，苏联人是否对航天飞机技术深信不疑还不完全清楚。不管怎样，他们发明了布朗号航天飞机。不幸的是，关于航天飞机的成本和可靠性的设计目标与预测从未实现。如果航天飞机的设计像它宣布时看起来的那样出色[①]，那么我们就不必担心新的载人运输概念。然而，只有新技术的功能和效率可以用来衡量它们的成功。最后，航天飞机并没有像预期的那样令人难以置信，但它们却相当复杂。与所有预测相反，它们也非常昂贵：所有开发的总价格和任务的成本，直到退役，总计约 1750 亿美元，每项任务的成本约为 13 亿美元。苏联的暴风雪号航天飞机和欧洲的赫尔墨斯航天飞机的复杂（因此昂贵）系统导致人们在这方面的预期没有任何改变。无论如何，布朗号航天飞机在 1988 年只执行过一次无人飞行任务，赫尔墨斯航天飞机的发展在 1993 年停止。由于航天飞机技术已经无法兑现任何有关它的承诺（低成本、每周任务、安全），运载火箭技术重新成为发射载人飞船的主要手段，私营公司也进入了发射航天器的行业。1972 年，人们期望每次的发射任务花费约 2000 万美元，但每次发射的最终价格是它的 50 倍！逐渐，所有的航天飞机概念都被抛弃了。

　　如果你表达对载人航天的怀疑。你会被反复提醒，如果没有远见卓识的想法，我们永远不会取得今天的成就。这可能是事实，但不幸的是，这样的论点不能被检验，因此仍然是推测。然而，可以肯定的是，我们已经能够开发出一些非凡的技术，尽管许多其他技术都失败了。

---

　　① 航天飞机需要固体推进剂火箭进行发射。它们被认为是一个高风险的系统，因为一旦点火，就不能关闭。在航天飞机的计划阶段，军方警告美国航天局，根据他们的经验，每100次发射会有两次灾难性失败的概率。这个数字最后还是相当准确的。

但只看过去一百年来的技术进步并没有什么帮助。预言技术发展将前进的先知们不情愿地提到，许多期望永远不会成为现实。我们被承诺的每个人都能乘坐会飞的汽车环绕地球的每一座城市，这样的繁荣景象从未实现。相反，我们要努力解决的是 50 年前我们甚至无法预料到的一些问题，这些问题的解决方案可能才是人类面临的真正挑战。除了应对人口增长问题外，令人惊讶的是，还包括"地球化"问题，即整个行星环境的转变，正如火星殖民的倡导者通常提出的那样。然而，我指的地球化并不是我们需要在另一个星球上实施的工程，而是正在我们的星球上发生的事情，除了极地冰盖的融化之外，甚至它可能产生人类根本不清楚的影响。

从月球到行星，所有的载人航天计划仍然是推测性的。任何持相反观点的人都不熟悉当前的技术、经济和政治形势。几年前，美国的各种游说团体传播了这样的想法：可能在 2017 年进入月球轨道，2018 年登陆月球，2019 年建立月球空间站。考虑到航天工业项目的典型时间表和从已经放弃的项目中获得的经验，拟议的任务概念的前景从一开始就令人怀疑。乔治·布什政府启动的探月计划被奥巴马政府取消，转而支持近地轨道任务。各大航天机构和公司的经验丰富的人员预计，即使有可能，也不指望在 2050 年之前实现再次登月。

有各种各样的理由被用来证明重返月球是合理的，而你听到的是哪一个理由取决于是哪一个组织提出的。天文学家想要建造一架射电望远镜，地质学家想要研究月球的表面和结构，而太空探索行业将月球视为进入太阳系执行更深远的任务的一个必要的燃料补给站或者中转站。一项长期的计划是开采氦 -3。人们希望它可以作为核聚变反应堆的燃料来源，从而一劳永逸地解决我们所有的能源问题。在技术上，月球氦 -3 究竟如何开采，以及工业开采的成本是多少，通常都没有被讨论。前者是未知的，后者在财政方面是疯狂的。相反，这些支持者只提到了能源需求的预期增长，而忽略了这样一个事实，即在技术层面上，为发电运行的核聚变反应堆基本是不存在的。任何这样猜测的人都忘记了市场经济的一个关键组成部分。没有回报的产品不会被开发。核电站、子弹头列车和太空旅行之所以存在，都是纳税人承担了风险和额外的成本。我认为他至少有权利听到事实，而不是虚构的。但如果你提出了难以兑现的美好承诺，那么当公众持怀疑态度时，你就不应该感到惊讶。让我们算算：将一公斤（2.2 磅）有效载荷运送到地球轨道的成本大约是 50000 美元（载人太空旅行）。如果我们慷慨地假设，这是从月球运送一公斤物体到地球的价格（显然更贵），那么无论是谁有足够的勇气从月球运输矿石回来，都会意识到运输矿石比黄金贵几个数量级。为了在月球上进行有利可图地开采，月球上的地面必须覆盖着深及脚踝的钻石。

我们可以看到，随着社会对未来世界的想象，复杂的技术发展和与之相关的决策过程都需要很多年才能实现。这一决策不仅受到技术方面的影响，还受到经济、社会和生态问题的影响，这些问题必须由社会自身来回答，需要广泛的公众讨论[1]。而且，鉴于人类在当今时代

---

① 显然，工业化国家的生活远远超过了他们的收入水平，并且正在为整个国民经济建立金融"安全网"。例如，美国的公共债务显然超过了一次火星任务的成本，人们不应该再谈"天文数字"，而应该谈论"经济"总额。

所面临的挑战，这些问题甚至可能涉及我们自身的生存或生活方式。当提出人类太空探索的主题时，你最好阐明所有可能影响它的事实，并经常询问在这一领域工作的人关于实施的可行性。如果你不这样做，你就可能会欺骗自己。人类太空旅行的科学和经济效益即使往好了说仍是令人怀疑的。产生科学成果的成本非常高，以太空为基础的大规模工业在不久的将来仍将是一种幻想。人们一再提到要探索的"人类古老的梦想"，这是比较诚实的说法，但在面对今天的金融和社会问题时，这个梦想是否仍然可行，还有待观察。人类，从直立人到智人，必须适应新的环境，才能在数十万年的时间里生存下来，并且必须不断地沿着海岸或者内陆进行探索之旅。只有这样，几千代人才能在地球上繁衍生息。从发展历史的观点来看，人类是探索者。因此，从社会学的角度来看，如果由于物质和经济的原因，进入太空空间的下一步显然是被禁止的，那么我们如何在一个已知的、发达的、网络化的世界中补偿我们的原始行为将是相当有趣的。你在这里也可能会反对说人类的下一步行动是不可预测的。我同意你的看法。但"探索者问题"将以某种方式变得相关。考虑到人类与恒星之间无法想象的和无法跨越的距离。人类可能会随着"太阳系的发展"而达到自己的终极极限。按照目前可用的引擎技术，飞往最近的恒星比邻星需要大约 50000 年时间。

与"登月阴谋"一样，所谓的乘数，即以媒体为代表的舆论再次发挥作用。在这里，他们作为"第四产业"的责任也是收集并批判性地分析不同的观点，让读者、听众或观众形成自己的观点。然而，这一责任往往由于市场经济的约束被忽视——报纸和私人电视频道都是

（图源：NASA）

由比利时艺术家保罗·范·霍伊东克（paulvan Hoeydonck）创作，被阿波罗
15 号的宇航员留在月球。它描绘了一个穿着太空服的宇航员。美国宇航局制作
的牌匾上列出了所有在服役期间死亡的宇航员。

以营利为驱动的公司，而吸人眼球的报道比常规报道的销量更好。因此，在模拟火星任务中，一些测试对象被锁在一个封闭的容器中500天，这比严肃而成功的火星探测任务受到了更多的关注。

这样不使我被误解：与我们这个时代的其他挑战相比，人类的太空探索并不是至关重要的。面对世界各地的贫困，在武器上的疯狂支出甚至出现的金融危机令人发指。在我看来，这并不是要对人类的个别问题进行相互对照的评估。相反，在任何情况下，都应该提倡一种讨论文化，根据自身的优点考虑所有挑战和任务。只专注于自己的专业领域而忽略或忽视其他领域的问题对任何人都没有帮助。我自己从事航天项目的管理工作，对载人航天的资金和技术限制，以及相关风险有深刻的认识。我总是怀疑那些声称他们可以完成比实际情况更多的载人航天任务的提议。我们必须提醒并说服纳税人，将无人驾驶太空任务作为技术发展的一种手段，继续使我们的生活更轻松、更知情。如今，从科学和文化的角度来看，这些技术领域包括电信、导航和地球观测（研究是文化的一部分），以及从地球轨道上探测行星的机器人任务和天文学望远镜。因为这需要以一种可理解的和可持续的方式来完成，我们不能幻想人类的深空探索。相反，就像登月阴谋论一样，批判性的分析和公开的讨论是必要的，以便为日常生活中的人们提供形成自己观点的手段。

阿波罗图纸

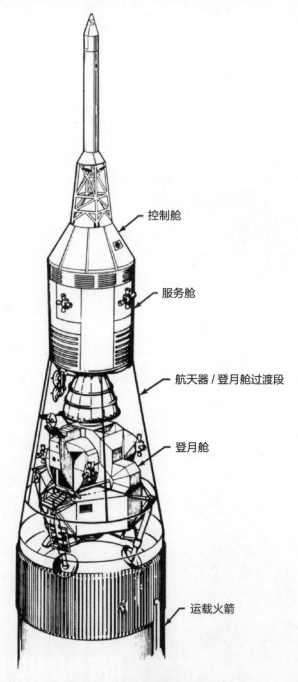

控制舱

服务舱

航天器 / 登月舱过渡段

登月舱

运载火箭

阿波罗号发射配置图。

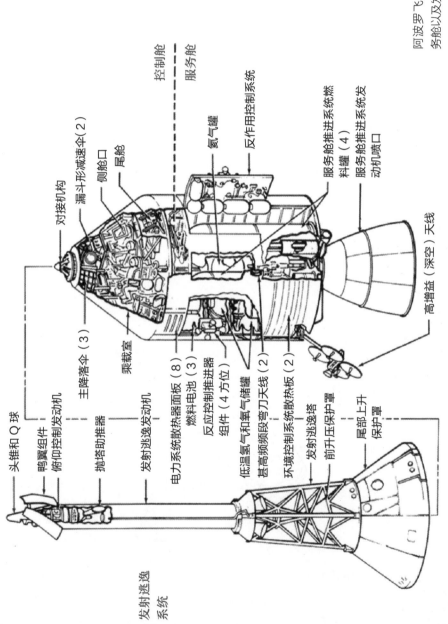

阿波罗飞船控制舱、服务舱以及发射逃逸系统。

头锥和 Q 球

鸭翼组件

俯仰控制发动机

抛塔助推器

发射逃逸发动机

电力系统散热器面板（8）

燃料电池（3）

反应控制推进器组件（4方位）

低温氢和氧气储罐

甚高频频段弯刀天线（2）

环境控制系统散热板（2）

发射逃逸塔

前升压保护罩

尾部上升保护罩

发射逃逸系统

对接机构

漏斗形减速伞（2）

侧舱口

尾舱

控制舱

服务舱

氢气罐

反作用控制系统

服务舱推进系统燃料罐（4）

服务舱推进系统发动机喷口

高增益（深空）天线

主降落伞（3）

乘载室

左侧

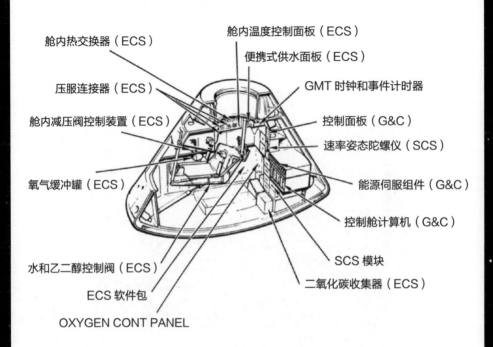

舱内热交换器（ECS）

压服连接器（ECS）

舱内减压阀控制装置（ECS）

氧气缓冲罐（ECS）

舱内温度控制面板（ECS）

便携式供水面板（ECS）

GMT 时钟和事件计时器

控制面板（G&C）

速率姿态陀螺仪（SCS）

能源伺服组件（G&C）

控制舱计算机（G&C）

SCS 模块

二氧化碳收集器（ECS）

水和乙二醇控制阀（ECS）

ECS 软件包

OXYGEN CONT PANEL

右侧

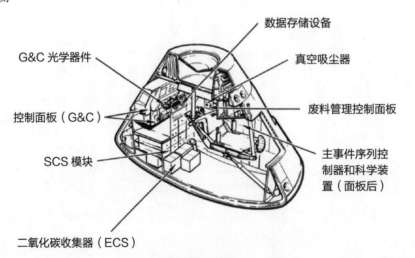

数据存储设备

G&C 光学器件

真空吸尘器

控制面板（G&C）

废料管理控制面板

SCS 模块

主事件序列控制器和科学装置（面板后）

二氧化碳收集器（ECS）

控制舱内部结构图。

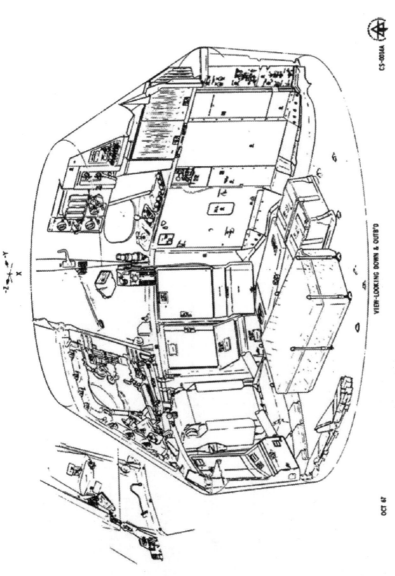

CS-0016A

VIEW -LOOKING DOWN & OUTB'D

控制舱内部结构构图。

OCT 67

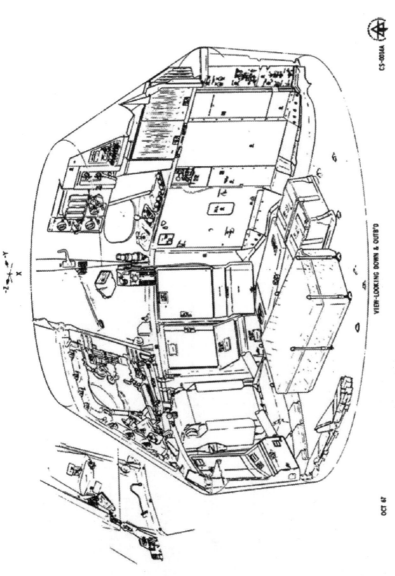

-Z
-Y
+Y
X

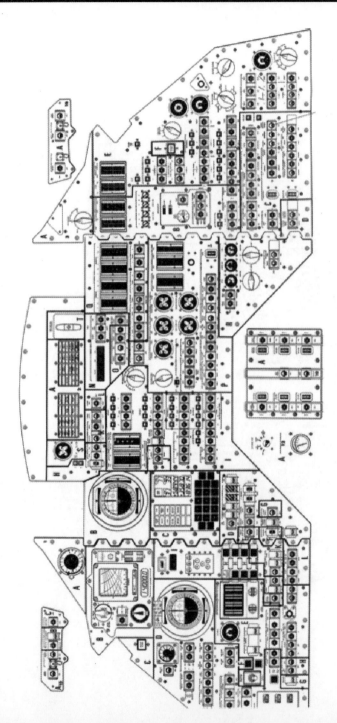

控制舱控制显示单元。

侧视图

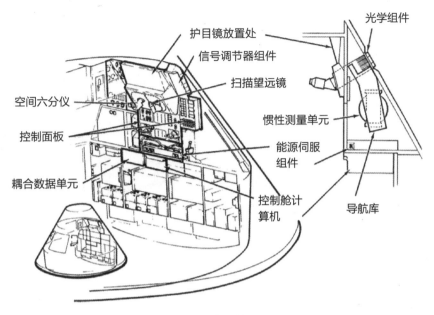

导航控制系统。

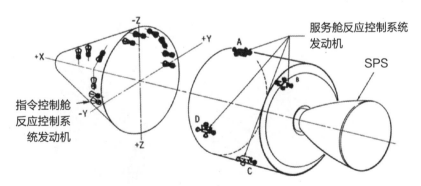

驱动单元在控制舱和服务舱上的位置。

手动控制

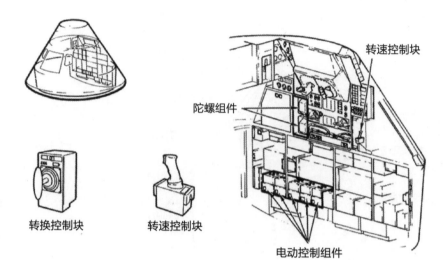

转速控制块

陀螺组件

转换控制块　　转速控制块

电动控制组件

稳定与控制系统。

面板火工分离

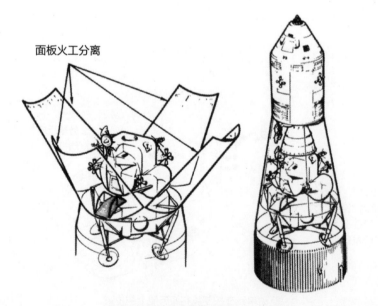

阿波罗飞船与登月舱过渡段。

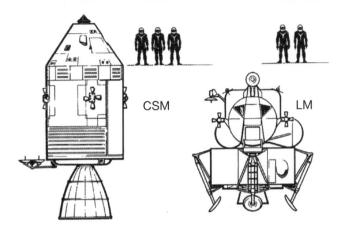

CSM

LM

控制／服务舱与登月舱比较。

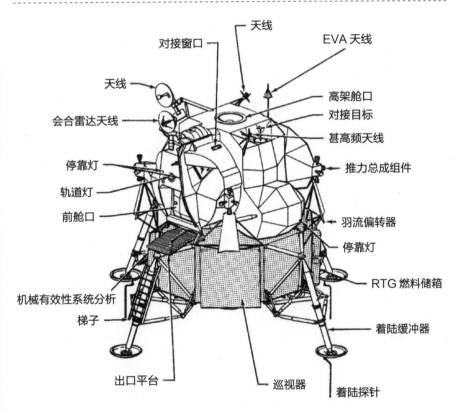

天线

对接窗口

EVA 天线

天线

会合雷达天线

高架舱口

对接目标

甚高频天线

停靠灯

推力总成组件

轨道灯

前舱口

羽流偏转器

停靠灯

RTG 燃料储箱

机械有效性系统分析

梯子

着陆缓冲器

出口平台

巡视器

着陆探针

登月舱的外观图。

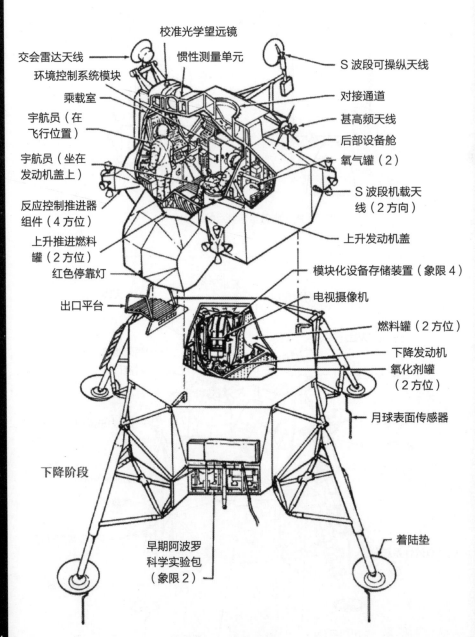

校准光学望远镜

交会雷达天线

惯性测量单元

S 波段可操纵天线

环境控制系统模块

乘载室

宇航员（在飞行位置）

宇航员（坐在发动机盖上）

反应控制推进器组件（4 方位）

上升推进燃料罐（2 方位）

红色停靠灯

出口平台

对接通道

甚高频天线

后部设备舱

氧气罐（2）

S 波段机载天线（2 方向）

上升发动机盖

模块化设备存储装置（象限 4）

电视摄像机

燃料罐（2 方位）

下降发动机

氧化剂罐（2 方位）

月球表面传感器

下降阶段

早期阿波罗科学实验包（象限 2）

着陆垫

登月舱着陆配置图。

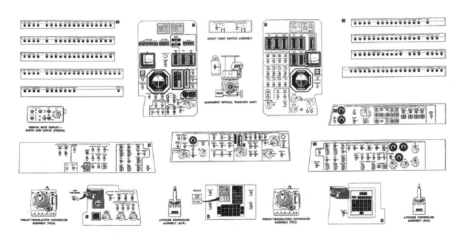

登月舱的控制。

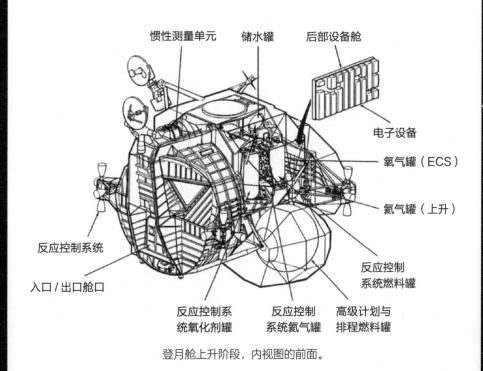

登月舱上升阶段，内视图的前面。

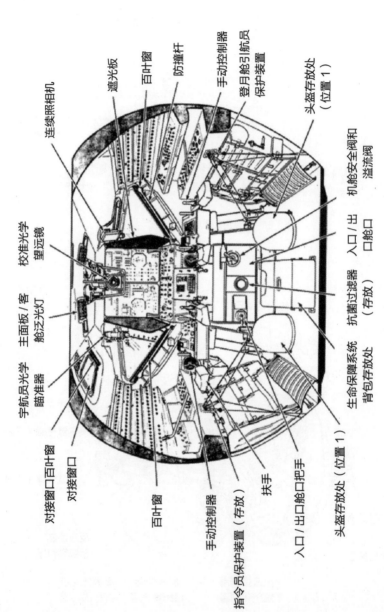

宇航员光学瞄准器

校准光学望远镜

遮光板

百叶窗

防撞杆

手动控制器

登月舱引航员保护装置

头盔存放处（位置1）

连续照相机

主面板/舱泛光灯

机舱安全阀和溢流阀

入口/出口舱口

抗菌过滤器（存放）

生命保障系统背包存放处

手动控制器（存放）

扶手

入口/出口舱口把手

头盔存放处（位置1）

百叶窗

指令员保护装置（存放）

对接窗口百叶窗

对接窗口

登月舱上升阶段。

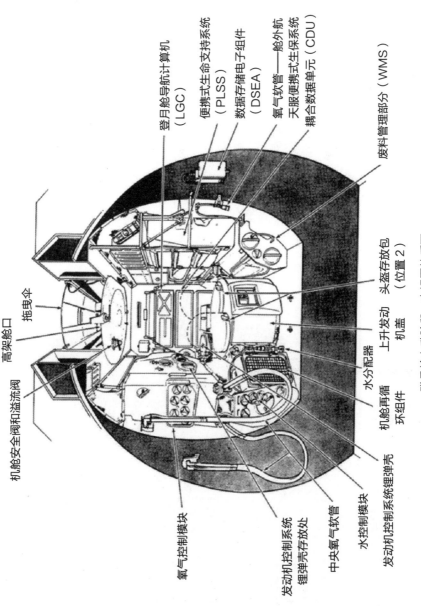

登月舱导航计算机
（LGC）

便携式生命支持系统
（PLSS）

数据存储电子组件
（DSEA）

氧气软管——舱外航
天服(便携式生保系统
耦合数据单元（CDU）

废料管理部分（WMS）

高架舱口

拖曳伞

机舱安全阀和溢流阀

氧气控制模块

发动机控制系统
锂弹壳存放处

中央氧气软管

水控制模块

发动机控制系统锂弹壳

水分配器

上升发动
机盖

头盔存放包
（位置 2）

机舱再循
环组件

登月舱上升阶段，内视图的后面。

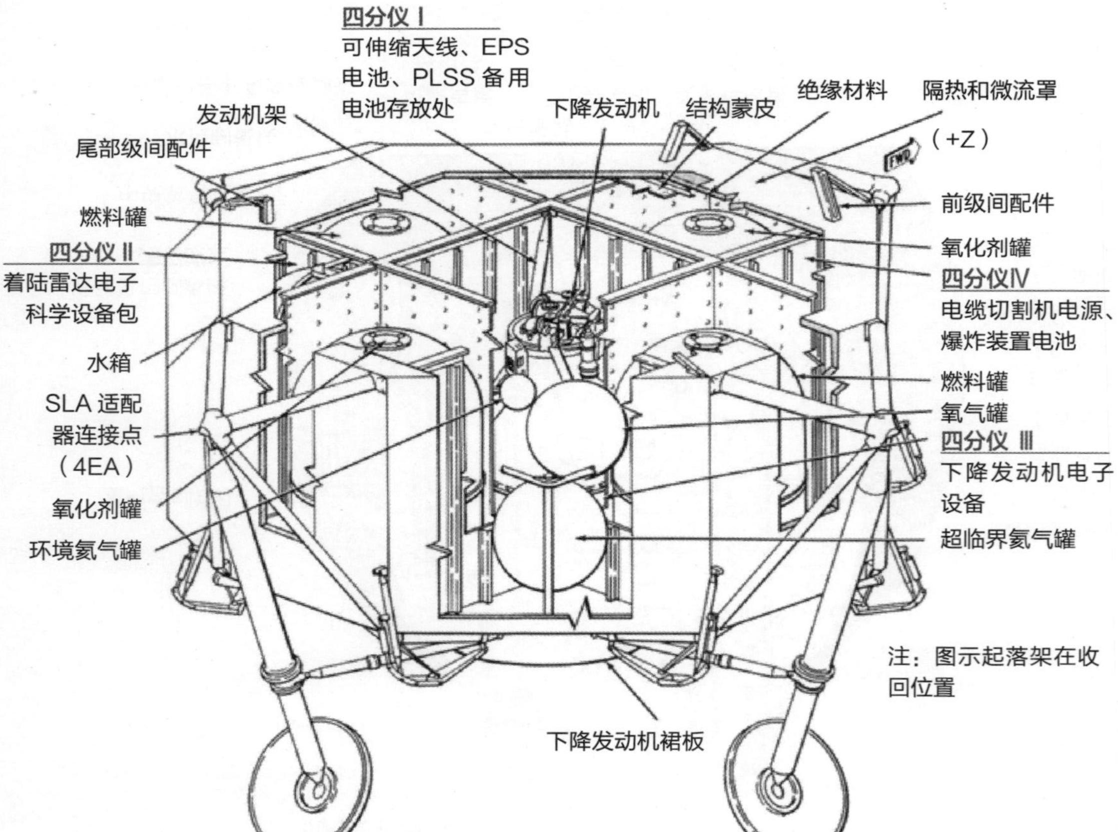

登月舱下降阶段。

四分仪 I
可伸缩天线、EPS
电池、PLSS 备用
电池存放处

隔热和微流星
绝缘材料
结构蒙皮
下降发动机

发动机架
尾部级间配件
燃料罐
四分仪 II
着陆雷达电子
科学设备包
水箱
SLA 适配
器连接点
（4EA）
氧化剂罐
环境氦气罐

前级间配件
氧化剂罐
四分仪IV
电缆切割机电源、
爆炸装置电池
燃料罐
氧气罐
四分仪 III
下降发动机电子
设备
超临界氦气罐

下降发动机裙板

注：图示起落架在收
回位置

登月任务的宇航员

（图源：NASA）

阿波罗 11 号宇航员的肖像。尼尔·阿姆斯特朗（指令长）、迈克尔·柯林斯（控制舱驾驶员）和埃德温·奥尔德林（登月舱驾驶员）。1969 年 7 月 20 日，登月舱"鹰号"降落在静海。

阿波罗 12 号宇航员的肖像。小查尔斯·皮特·康拉德（指令长）、小理查德·戈尔登（控制舱驾驶员）和艾伦·宾（登月舱驾驶员）。"无畏号"登月舱降落在离无人月球探测器"勘测者 3 号"仅几百米远的地方，后者于 1967 年登陆月球。

阿波罗 13 号宇航员的肖像。小詹姆斯·亚瑟·洛威尔（指令长）、小约翰·莱昂纳德·斯威格特（控制舱驾驶员）和小弗莱德·华力士·海斯（登月舱驾驶员）。登月无法完成，因为在向月球发射的过程中，服务舱的一个补给罐破裂了。机组人员已安全返回地球。

阿波罗 14 号宇航员的肖像。斯图尔特·罗萨（控制舱驾驶员）、
艾伦·谢泼德（指令长）和艾德加·米切尔（登月舱驾驶员）。

阿波罗 15 号宇航员的肖像。大卫·斯科特（指令长）、
阿尔弗莱德·沃尔登（控制舱驾驶员）和詹姆斯·艾尔文（登月舱驾驶员）。

阿波罗 16 号宇航员的肖像。肯·马丁利（控制舱驾驶员）、约翰·杨（指令长）和查尔斯·杜克（登月舱驾驶员）。

阿波罗 17 号宇航员的肖像。哈里森·施密特（登月舱驾驶员）、
尤金·塞尔南（指令长）和罗纳德·埃万斯（控制舱驾驶员）。